U0166299

四季风尚·春

郑艳 著

泰山出版社 · 济南 ·

图书在版编目（CIP）数据

四季风尚. 春 / 郑艳著. —济南：泰山出版社，2020. 1
ISBN 978-7-5519-0605-0

Ⅰ. ①四… Ⅱ. ①郑… Ⅲ. ①二十四节气—风俗习惯—中国—通俗读物 Ⅳ. ①P462-49 ②K892.18-49

中国版本图书馆CIP数据核字（2020）第012934号

著　　者　郑　艳
策　　划　胡　威
责任编辑　王艳艳
装帧设计　路渊源
插　　图　虫　二

SIJI FENGSHANG · CHUN

四季风尚 · 春

出　　版　泰山出版社
社　　址　济南市泺源大街2号　邮编　250014
电　　话　总编室（0531）82022566
市场营销部（0531）82025510　82023966
网　　址　www.tscbs.com
电子信箱　tscbs@sohu.com
发　　行　新华书店
印　　刷　济南继东彩艺印刷有限公司
规　　格　889 mm × 1194 mm　32开
印　　张　5
字　　数　80 千字
版　　次　2020 年 1 月第 1 版
印　　次　2020 年 1 月第 1 次印刷
标准书号　ISBN 978-7-5519-0605-0
定　　价　39.00 元

序

二十四节气与中国文化精神

清华大学历史系教授　博士生导师
中国二十四节气研究中心学术委员会主任　刘晓峰

摆在读者面前的这套《四季风尚》，是一篇围绕二十四节气精心撰写的锦绣文章。要给这样一本书写序，我自忖没有更具风采的笔墨，无法给这本著作添光加彩。但是，围绕二十四节气，却觉得自己有一点话要说。

2015—2016年，为准备二十四节气申报联合国教科文组织人类非物质文化遗产代表作名录，我先后几次参与了文化部最终申请文本的修订。这个工作加深了我对于二十四节气的理解，特别是围绕古代中国对于太阳的认识。如果说二十四节气是中国古人贡献于人类时间文化最为绚丽的一顶王冠，那么中国古人对于太阳的认识，就是这顶王冠中央镶嵌的那块璀璨宝石。2016年11月，二十四节气被列入《联合国教科文组织人类非物质文化遗产代表作名录》，正式的文本叙述是“二十四节气：中国人通过观察太阳周年运动而形成的时间知识体系及其实践”。画龙点睛，太阳就是理解二十四节气最重要的关键词。

在漫长的人类历史中，升起又落下的太阳是人们生活起居重要的时间标志物。围绕太阳，古代中国人有很多绮美瑰丽的想象，创造出许许多多太阳神话。人们想象太阳每天从东方一棵叫扶桑的大树上升起，乘坐着六条螭龙牵引的神车行于天空，并在傍晚从西方玄圃落下。传说太阳是大神帝俊高辛氏和羲和氏共同生的孩子。当太阳沉落于西方，日母羲和氏会在咸池为落下的太阳沐浴。和人们想象月亮里生活着蟾蜍与玉兔一样，他们想象太阳里生活着三足鸟和九尾神狐。他们想象太阳有十个兄弟。日照太足缺少雨水，他们想象是因为太阳没有依照秩序一个升起一个落下，而是十个太阳同时升起。当种下的庄稼都烤焦了，草木也都没法生长了，伟大的英雄后羿就站了出来射落了九个太阳，世界才恢复了正常的秩序。除了这些凭借想象创造的故事，中国古人在漫长的历史时期，一直还在不断地观察太阳，总结出有关太阳的知识规律。

二十四节气之所以伟大，首先在于它是建立在对太阳进行科学观测的基础之上的，它是中国古代科学精神的代表。

二十四节气不是凭空悬想产生的，而是经过长期对于大自然的一年又一年的变化进行观测，在积累了丰富资料的基础上最后产生的。而对大自然的一年变化进行观测的核心点，正是太阳的变化。从有人类那一天起，太阳就一直陪伴我们生命历程中的每一天，慢慢地中国古人发现了太阳的秘密。

所谓“日月之行，四时皆有常法”，问题是用什么方法来掌握它？太阳温暖而明亮，然而用肉眼很难进行观测。聪明的中国人发现太阳光与影子的关系，发明了利用影子开展观测活动的方法。有一个成语叫“立竿见影”，中国古代人对于太阳长期观察的历史传统最根本的一个方法，是对一周年太阳影子周期性变化的认识。李约瑟在《中国科学技术史》中指出：“在所有天文仪器中，最古老的是一种构造简单、直立在地上的杆子……这杆子白天可以用来测太阳的影长，以定冬夏二至（自殷代迄今一直称为‘至’），夜晚可用来测恒星的上中天，以观测恒星年的周期。”[1]中国古人发明以圭表测日的方法很早。在距今4000年前的陶寺遗址中，考古学者发现了带有刻度的圭尺，这一实物的发现，证明我们先民很早就掌握了圭表测日的方法。测量太阳的杆子，古代称为表，今天天安门前的华表，我认为很可能就是圭表之遗。正南正北方向平放的测定表影长度的版叫作圭。太阳照表之时，圭上会有表影，根据表影的方向和长度，就能读出时间。学会观测日影，并掌握一年冬至与夏至的变化，对于中国古代文化发展意义巨大。依照清华大学张杰教授的研究，天圆地方的观念的形成也与以圭表测日有关。张杰认为，依据《周礼》《周髀算经》《淮南子》等文献的记载，古人观察夏至、冬至的晷影与观测时画在地上的圆周的四个交点形成一个矩形，这一现象应该直接影响了古人天圆地方概念的形成。[2]如果这一推论成立，对于太阳的

① 李约瑟《中国古代科技史》第四卷，科学出版社，2018，第259页。

② 张杰：《中国古代空间文化溯源》，清华大学出版社，2015，第9页。

观察之于中国古代文明的影响，用“至大至巨”来形容也绝不为过。

通过持续地观测一年复一年日影的变化，古人发现了日影最长的夏至日和日影最短的冬至日这两个极点，并准确掌握了一年日影变化的周期性。陶寺遗址的发现意味着孔子所讲的“用夏之时”并不是假托古人，更可能的是历史上夏代人确实非常早就已经掌握了冬至、夏至太阳的变化规律。秦汉时期彻底建构成型的二十四节气，依托的是对太阳长期科学的观测。它是中国古代科学精神的结晶。

其次，二十四节气的伟大之处，在于它体现了中国古人对太阳周年运动而形成的时间转换规律的正确认识和理解。

循环是生活于地球上人类时间生活最重要的特征。昼往夜来，时间的脚步循环往复永不停歇。月升月落，春夏秋冬，先民们对时间的认识，有一个不断发展的过程。最早产生的时间刻度单位应当是“日”。因为“日出而作，日入而息”，太阳是全世界人共同的认识时间的首要标志物。其次是“月”，月亮的周期性圆缺也是非常明显的。但是人类真正认识一年中太阳的变化，却不是一个简单的事情。这不仅经历了长期的观测，而且需要思维的抽象和超越。

依据文献的记载，中国古代很早就设有专门负责观测太阳和大自然时间变化的专职人员，这就是羲和氏。《世本·作篇》说："羲和作占日。"宋衷注："占其型度所至也。"张澍禾按："占日者，占日之晷景长短也。"[①]懂得观测太阳影子长短的变化，是中国古代时间文化发展中一个巨大的进步。检点中国古代文献，羲和氏一族始终与观测太阳关系密切。《尚书·尧典》："乃命羲和，钦若昊天，历象日月星辰，敬授人时。"孔传曰："重、黎之后羲氏、和氏，世掌天地四时之官，故尧命之，使敬顺昊天。"[②]《艺文类聚》五卷引《尸子》曰："造历数者，羲和子也。"[③]《前汉纪·前汉孝宣皇帝纪卷第十八》载："古有羲和之官以承四时之节，以敬授民事。"[④]汇合这些零散存于典籍中的史料可知，羲和一族为重黎后人，是古代掌管时间、负责观测太阳和掌握四季变化的官

① 秦嘉谟等辑：《世本八种》，中华书局，2008，宋衷注曰出自陈其荣增订本第3页，张澍禾稡集补注本第9页。

② 孔安国传、孔颖达疏：《尚书正义》，上海古籍出版社，2007，第38页。

③《艺文类聚》，上海古籍出版社，1982，第97页。

④ 荀悦、袁宏撰，张烈点校：《两汉纪》上，中华书局，2017，第318页。

员。在文献记载中，羲和有时被想象为太阳的母亲，每天为太阳洗浴；有时被想象为拉载太阳神车的驭手，掌控着太阳行进的里程。羲和一族因能够计算天象成为专业观测人士，因此也会因天象变化而获罪。《尚书·胤征》即记胤侯因“羲和湎淫，废时乱日”而被“帅众征伐之”的故事。羲和氏之所以有这么多和太阳相关的记载，我推想就源于他们是上古职业负责太阳观测与把握四季变化的一族。

阳春布德泽，万物生光辉。太阳是我们所有生命热量的源泉。经过对太阳的长期观测，古人认识到寒暑变化与日影变化不仅是一致的，而且这变化是有规律可循的。利用立竿见影的原理，中国古人慢慢认识到太阳的周年变化。他们逐渐掌握了冬至、夏至和春分、秋分（两分两至）这四个一年之中最重要的时间节点。正因如此，在甲骨文中和时间相关的字，大都带有“日”字。当然那时还没有今天固定下来二十四节气的观念和叫法。在《尚书·尧典》中把春分叫日中，秋分叫宵中，夏至叫日永，冬至叫日短；在《吕氏春秋》中把夏至叫日长至，把冬至叫日短至，慢慢地中国古人在春夏秋冬季节的变化和日影一周年的周期变化之间建立起联系。就这样依靠对太阳的科学观测一点点积累，最后形成完美的二十四节气这一体系化的时间知识。

中国古人对于太阳进行的科学观测，绝不是普通的事情。理查德·科恩在《追逐太阳》中介绍说，历史上无数的历法中只有四种是纯阳历历法：（最终形式的）埃及历法、阿契美尼德历法暨后来的阿维斯陀历法（公元前559—公元前331年间应用于波斯）、由玛雅人创造而为阿兹特克人所采用的历法，以及儒略历（格里高利历）[①]。而二十四节气建立在对太阳进行科学观测的基础上，还吸纳了月象知识，最终形成了中国人特有的这一套符合大自然一年周期变化规律的时间文化体系。二十四节气，堪称人类时间文化的瑰宝。

再次，二十四节气的伟大之处，还在于它极大的实用性。它参与结构了中国人的时间生活。

《易》云："变通莫大乎四时。寒往则暑来，暑往则寒来。寒暑相推，而岁成焉。"古代中国人认识到大自然的变化是有秩序有规律的，按照大自然变化规律行动则万物成就，悖逆大自然变化规律就会发生灾难。正因如此，人的行为必须"应天

① 理查德·科恩：《追逐太阳》，湖南科技出版社，2016，第267页。

顺时”，必须顺应自然规律的变化，整个人类社会也应该遵守必要的秩序。《春秋正义序》云：“王者统三才而宅九有，顺四时而理万物。四时序则玉烛调于上，三才协则宝命昌于下。”《礼记》也指出：“天地之道，寒暑不时则疾，风雨不节则饥。教者，民之寒暑也；教不时则伤世。事者民之风雨也;事不节则无功。”就这样，“观象授时”的时间文化体系构成了中国古代文化的根基，从根本上影响了中国人的物质生产与人文关怀。

《周易》云：“刚柔交错，天文也；文明以止，人文也。观乎天文，以察时变；观乎人文，以化成天下。”“天文”就是包括对太阳的观测在内的有关季节、时令变化之学。有了“天文之学”，人们可以“逆知未来”，能够主动地掌握一年四季气象变化的大趋势，这极大地推动了中国古代农耕生产的发展。而建立在“天文”与“人文”相互关联之上，中国古人发挥自己的想象，构筑了一个由客观的观察和主观的想象结合的知识体系，最终形成的，是代表中国古代文化根本特征的天人之学。作为一种思维的原则，大自然的寒来暑往与我们的生命之间构成了深刻的互动关系。一如《黄帝内经》所云：“夫四时阴阳者，万物之根本也……故阴阳四时者，万物之终始也，死生之本也，逆之则灾害生，从之则苛疾不起，是谓得道。”这里的人与大自然之间的关系，已经如董仲舒《春秋繁露》所云是“天人之际，合而为一”。这套时空知识在古代位置高上，在古代文献《礼记》中甚至被称为“令”——人必须遵循的时间法则。它要求人们循顺天应时的准则，必须按照时间变化秩序安排生活。沿着这一思想脉络形成的“天人合一”的思想观念，成为贯穿中华文化数千年发展的根干性命题。细细审观整个中国古代时间文化的形成与发展，我们可以得出这样的结论，包括二十四节气在内的古代时间文化体系结构了中国古代人的时间生活。整个星汉灿烂的古代思想与文化的巨幅画卷，展开的背景正是包括太阳观测在内的中国古人对于大自然时间变化观测、认识而形成的时空观念体系。

二十四节气植根于中国古代科学精神，是对于一年春夏秋冬的时间之流做出的更为细致科学的划分。从二十四节气的形成和发展中，我们可以看到中国古人如何观察世界、认识世界、改造世界。二十四节气是中国古代时间文化体系内涵的科学精神的优秀代表，是华夏古代文明智慧最伟大的结晶，直到今天依旧拥有极大的实用性。

最后，请允许我负责地向您推荐这套《四

季风尚》。读过这套书，我觉得作者为我们打开了一扇大门。读者诸君，请走进去欣赏吧！欣赏我们的祖先留下二十四节气这份最宝贵的精神财富，欣赏它如何细致展开于我们的时间生活中，又如何对中国人的物质生活与精神审美产生巨大的影响。

是为序。

2019年8月28日

目录

春风徐徐，莺歌燕舞。

很多人都喜欢春天，也许是苍翠欲滴的叶子润泽了人的眼睛，也许是暗香盈袖的花朵给人带来嗅觉上的享受，也许是熬过了一个冰天雪地、生机索然的冬季，终于能脱下厚厚的装备，尽情地四处撒野了。

我也爱春天，总觉得它非常短暂，好像还没有看够万物复苏的样子，春天就要向人们告别了。有时候会想，如果自然也是一个生命，春天大概是他的孩提时代，懵懂又有活力，一切都是刚刚开始生长的样子，经历过四季的人知晓他会长成的样子，可是，如果不做些什么，经过一年又一年的磨砺，他也会改变成长的路。不然，“乡愁”这个东西，永远没有滋生的土壤。事实上，改变是必然的，追寻也是必然的，无论向后还是向前。人的欲望总是不尽的，只是每个人的上下限略有差异而已。

春季，东风徐来，万物生长，从孟春、仲春行至季春，经过立春、雨水、惊蛰、春分、清明和谷雨六个节气，时间跨度大约从公历2月初到5月初，其间大地回暖、阳气上升，春季的节气生活也围绕着迎春助阳展开。

春冬移律吕，天地换星霜。公历2月4日前后，当太阳运行至黄经315°时，即为立春。带着暖意的东风吹来，大地开始解冻，万物借着东风生发，为不久就要到来的勃勃生机埋下了伏笔。立春之日，人们会将生菜、春饼等放于盘中，并馈赠亲友，称为“春盘”，手巧的人还用彩纸剪出春花、春燕、春柳等形象，或贴在门、窗、屏风上，或戴在头上，也称“春幡”或“幡胜”，皆取迎春之意。

在农耕繁忙的时间和地域里，“打春牛”是人们对于春天独特的迎接方式——鞭策自己与他人，一年之计在于春，大好春光不可辜负，勤勉与辛劳是必须的。

立春前后，正逢春节，这是我们传统节日里最为浓墨重彩的一笔。春节又被称为大年，是除旧迎新、万象更新的时刻。朝野上下，男女老少，都要回归家园，共享新年。

雨水洗春容，平田已见龙。公历2月19日前后，当太阳运行至黄经330°时，即为雨水。春始属木，天一生水，绿意盎然的春天已然悄悄地来临。好雨知时节，这个时节的雨便是好雨，农谚曰："雨水有水，农家不缺米。"

雨水前后，会逢元夕，火树银花不夜天的日子里，人们不分昼夜、尽情狂欢，仿佛要把一年的辛劳都渲泄掉，因为马上就要进入又一个繁忙的农耕时段。

阳气初惊蛰，韶光大地周。公历3月5日前后，当太阳运行至黄经345°时，即为惊蛰。惊蛰之前，动物冬藏伏土、不饮不食，一旦到了惊蛰时节，雷声惊醒蛰居的动物，生机勃勃的春天即将到来。

农谚有"到了惊蛰节，锄头不停歇"的说法，惊蛰被视为春耕开始的日子，农人要根据节气安排自己的耕作。无须耕作的人们也并不清闲，桃李盛开的季节，又给生活添了很多乐趣。

二气莫交争，春分雨处行。公历3月20日前后，当太阳运行至黄经0°时，即为春分。燕子飞来，雷声渐多，春季已然过半。春分过后，我们所在的北半球白天开始越来越长，夜晚越来越短，直到夏至白天长度达到极致。

旧时的春分时节，国家会举行祭日大典，老

百姓自然不能参加，但是可以去太阳宫或各土地庙进行祭祀。春分祭日要用太阳糕作祭品。太阳糕是用米面蒸成的圆形小饼，有的上面驮着一只面团捏成的小鸡，在现在的北京依然可以买到。

清明来向晚，山渌正光华。公历4月5日前后，当太阳运行至黄经15°时，即为清明。清明与已然没落的上巳、寒食等节日汇集在一起，成为融节气与节日于一身的时间标尺。

清明是厚重的，在生命之花竞相绽放的明媚春天，我们传承着古老的祭祀传统，践行着生命传递的意义。清明也是灵动的，我们亲近自然、拥抱春天，肆意地挥洒着已经沉寂许久的生命激情。

谷雨春光晓，山川黛色青。公历4月20日前后，当太阳运行至黄经30°时，即为谷雨。布谷鸟扇动自己的羽毛，农人们看到它便开始耕作。戴胜鸟落于桑树，提醒着养蚕的人家也要忙碌起来。

“阳春三月试新茶”，春季采制的茶，都算是一年之中的茶之精品，所以人们有此时品新茶的习俗。“谷雨三朝看牡丹”，春季的尽头还有一番美景，那就是传说中逆了女皇意愿的牡丹仙子的傲娇绽放。

春天，多的是人们对这个世界的感知：

你会看到归来的燕子，它是太阳的使者，也

是春天的精灵；

你会醉心于十里桃花，那里隐匿着一个阡陌交通、鸡犬相闻、往来种作、怡然自乐的理想村落；

你会牵一只风筝奔跑，在过去很长一段时间里，它就像你如今离不开的手机一样传递着信息；

你会感叹甚至追逐着春日里的田园风光，它是很多人乡愁的起点，不在远方，就在过往。

暗香疏影，春风得意。

春乃绿色，是草，是叶，更是气。

立春

和煦的风吹散了冰莹的雪，日光穿透还没有发芽的枝条，直接照在地面上，万物都嗅到了温暖的气息，开始向着太阳努力地生长，春天来了。此时气温并不会立即升高，所以我们对于春天的感知也没有那么明显，我们或是从日历上，或是从家里长辈的絮絮叨叨中，得知“立春”的消息。

《月令七十二候集解》说：“立，建始也。五行之气，往者过，来者续于此，而春木之气始至，故谓之立也。”立春是春季的开端，也是木气到来的时候。《礼记·月令》：“（孟春之月）某日立春，盛德在木。”孔颖达疏：“四时各有盛时，春则为生，天之生育盛德在于木位，故云盛德在木。”

立春之际，草木萌动，所以木气便有孕育与润泽万物的作用。据《吕氏春秋》记载，传说夏禹之时，秋冬草木不会凋零，被认为是木气旺盛的表现，所以夏朝的服色崇尚青色。那时候，人们的生活还跟随着自然的节奏，人们对于自然的态度还是敬畏并虔诚的。

春盘巧欲争

立春之日，民间有将生菜、春饼等放于盘中的习俗，并馈赠亲友，取迎春之意，谓之“春盘”。

据传，“春盘”源自汉魏的“五辛盘”，即在盘中盛上五种带有辛辣味的蔬菜，作为凉菜食用。《风土记》中记载：“元旦，以葱、蒜、韭、蓼蒿、芥，杂和而食之，名五辛盘，取迎新之意。”《荆楚岁时记》注曰：“五辛，所以发五藏之气。”明代李时珍在《本草纲目》中解释说：“五辛菜，乃元日、立春以葱、蒜、韭、蓼蒿、芥，辛嫩之菜杂和食之，取迎新之意。”由此可知，吃“五辛盘”一方面取“辛”与“新”谐音，象征着万象更新，另一方面还含有调节气血、发散邪气的作用。提到“五辛”，我总有些气短，因为自己几乎不食葱姜蒜，尤其是作为一个生在齐鲁大地的人，每当与人同餐，总会被人取笑。可是，我依然改变不了这样的习惯。据说，川地的人们日常靠着辣椒抵御湿气，不知道我这些饮食上的“坏”习惯会不会让自己身体内的某些因子猖狂，加之我这走南闯北的习气，味道上的挑拣总不是件好事，恐怕我也只能望“五辛盘”兴叹了。

唐宋以来，立春日亦食“春盘”。宋诗有“青蒿黄韭簇春盘”“喜见春盘得蓼芽”“蓼芽蒿笋荐春盘”等说法，可见“春盘”仍是以蓼芽、蒿、笋、韭等蔬菜为主。大约那时农人们还没能掌握暖棚技术，所以度过没有新鲜蔬菜的寒冬之后，人们对于刚刚生长出来的青菜尤其热爱。因此，春盘不仅供自家享用，也在亲朋好友之间互相馈赠，算是交际礼俗的一个方面：

春日春盘细生菜，忽忆两京梅发时。
盘出高门行白玉，菜传纤手送青丝。
巫峡寒江那对眼，杜陵远客不胜悲。
此身未知归定处，呼儿觅纸一题诗。

——［唐］杜甫《立春》

春盘中几乎都是些绿色蔬菜，这与春天的气息十分相称，做起来基本是以凉拌为主，也不是

特别烦琐，人们用它互相赠送，最明显的含义大概就是彼此告知一下：我们喜爱的春天来了，不要继续猫冬了！这是我的猜想，因为我们现在的生活状态是几乎在任何季节都可以吃到各种各样新鲜的蔬菜，对于这些“青丝”已经不再珍爱，更不要提再送给人家当作礼物了。

其实，唐宋时还有一种“春盘”，是用绫罗假花或金鸡玉燕插在盘中做成的陈设品，表达对春天的期望。

多事佳人，假盘盂而作地，疏绮绣以为春。丛林具秀，百卉争新。一本一根，叶陶甄之妙致；片花片叶，得造化之穷神。日惟上春，时物将革。柳依门而半绿，草连河而欲碧。室有慈孝，堂居斑白。命闻可续，年知暗惜。研秘思于金闺，同献寿乎瑶席。昭然斯义，哿矣而明。春是敷荣之节，盘同馈荐之名。始曰春兮，受春有未衰之意；终为盘也，进盘则奉养之诚。傥观表以见中，庶无言而见情。懿夫繁而不挠，类天地之无巧。杂且莫同，何才智之多工？

——摘自［唐］欧阳詹《春盘赋》

你看，这个“春盘”多么曼妙！人们用罗帛

剪制出各种生动鲜艳的花卉，缀接到假花枝上并插于盘中，制造出满盘春色。然而，这样的春盘是官宦人家对春天喜爱之情的诗意表达，离柴米油盐的生活有点儿遥远。据《武林旧事》记载，南宋宫内会在立春这一天制作春盘，翠缕红丝、金鸡玉燕，不仅有各种新蔬，而且点缀有贵重的工艺品，并分赐给皇亲重臣。如此奢侈的春盘，作用多是渲染节日的气氛，并不是我们寻常人家所追求的。如果真的想要精致一些，不妨寻几枝鲜花插于瓶中，也算是让春天的气息更加浓厚一些。当然，我自己倒不是会以这种方式迎接春天的人。在我的概念里，或者说理想里，我更希望各种各样的枝条活在它们自然生长的世界里，去经历四季的荣枯。如果我想看，便去它们生长的地方寻，看它们在自然里肆意舒展的样子。

民间的春盘依然多是以食用为主，人们也将享用春菜的过程称为“咬春”或“尝春”。咬春就是吃一些新鲜的野味，感受春天的气息，除了各种蔬菜汇集的“春盘”，还有“春饼”。春饼又叫荷叶饼，是一种烫面薄饼，主要用来卷菜吃，旧时也是“春盘”的一部分，宋代《岁时广记》引唐代《四时宝镜》载：“立春日食萝菔、春饼、生菜，号春盘。”从宋到明清，吃春饼之风日盛，且有了皇帝在立春日向百官赏赐春盘、春饼的记载。

后来，元代入主中原的少数民族中也开始流行立春日食春盘的习俗：

昨朝春日偶然忘，试作春盘我一尝。
木案初开银线乱，砂瓶煮熟藕丝长。
匀和豌豆揉葱白，细剪蒌蒿点韭黄。
也与何曾同是饱，区区何必待膏粱。
——［元］耶律楚材《是日驿中作穷春盘》

春天来了，为了和亲朋好友一起分享这个好消息，不妨再如旧时一样亲自准备上一个春盘。立春这天，选一个适当大小的竹篮，起个清早到附近的便民市场挑些新鲜的绿叶蔬菜，比如菠菜、荠菜、韭菜等，摆放在竹篮里。如果愿意，再准备一张便签，写上几句吉祥的话，无论是放在自己家里还是拎着送给亲朋，都是一个新鲜的物件。与已经发展成为艺术的插花相比，春盘虽然并不那么雅致，却散发着温暖的烟火气。

如果实在觉得现在的生活已经不需要汇聚这么多新鲜蔬菜来证明春天的到来，还有一种简单的吃食可供选择——萝卜。清《燕京岁时记·打春》中记载：“是日富家多食春饼，妇女等多买萝卜而食之，曰咬春。”除了春饼，萝卜也是“咬春”的食物，生吃起来十分的爽口。所以，你的竹篮里可供选择的还有萝卜。

饮食是一个有意思的话题，有些是习惯，有些是习俗，有时候习惯会变成习俗，有时候习俗会变成习惯。于我而言，吃萝卜属于后者。起初，我对萝卜并没有特殊的感受，某一年立春，奶奶拿出一块脆萝卜，告诉我，咬一口春天就来了。大概是孩子的好奇心很强又很相信大人的话的缘故，我居然真的从一块萝卜里尝到了春暖花开的味道，这是一件神奇的事情。奶奶将这神奇分享给了我，我也希望将它分享给更多能够或者说愿意从咬一口萝卜感受春天的人。

风动春幡急

春幡，最初是迎春仪式中立起的竹竿上挂着的长条形旗帜，风一起，便款款浮动。古时，春幡单用青色，后来的立春日，民间用彩纸剪出各种与春天有关的物象作为装饰，有春花、春燕、春柳、春风等等，或贴在门、窗、屏风上，或戴在头上。也称“春幡”或“幡胜”“彩胜”，有迎春之意。很像现在小朋友们头上夹着的蝴蝶、小鸟儿之类的玩具发卡，一旦孩子们蹦蹦跳跳起来，这些小“动物”们便会活灵活现。

从晋朝开始，人们一般会在人日（即正月初七）这天，剪彩为花、剪彩为人或镂金箔为人，贴在屏风上，也戴在头发上：

四时代至，敬逆其始，彼应运于东方，乃设

燕以迎至，翚轻翼之岐岐，若将飞而未起，何夫人之功巧，式仪刑之有似，御青书以赞时，著宜春之嘉祉。

——摘自［西晋］傅咸《燕赋》

上文中的彩胜，被剪成了燕子的形状。春风中，燕子飞来，剪刀一样的尾巴总让我想起“不知细叶谁裁出，二月春风似剪刀”这一诗句，如若时光可以倒流，真想追问四明狂客贺知章，他想象春风如剪刀的时候，是不是也是因为想起了燕子的形象呢？这样的想象让暖暖的春日里舞动着诗意。

荆楚地区的女性会在立春之日用五彩的丝帛等材料，剪成一个幡胜，插戴在头上，《荆楚岁时记》载曰：“立春之日，悉剪彩为燕戴之，帖‘宜春’二字。”可见女性立春佩戴彩胜的习俗最迟始于汉末魏晋，从此历代沿袭。至唐宋时，皇帝于节日当天颁赐臣下，以示庆贺。《太平御览·时序部》曰：“景龙中，中宗孝和帝以立春日宴别殿，内出剪彩花，令学士赋之。又曰：景龙四年正月八日立春，上命侍臣自芳林门经苑东度入仗，至望春宫迎春。内出彩花树，人赐一枝。”

立春时节，女性会佩戴各种漂亮的“彩胜”，

其中“幡胜”是一种银簪，簪尾悬一长方形银片，与古时迎春时立的旗幡一样。宋代高承的《事物纪原》载：“《后汉书》曰立春皆青幡帻，今世或剪彩防缉为幡胜，虽朝廷之制，亦镂金银或缯绢为之，戴于首。”这里说的即旗幡与戴幡之间的联系。

春已归来，看美人头上，袅袅春幡。无端风雨，未肯收尽余寒。年时燕子，料今宵梦到西园。浑未办黄柑荐酒，更传青韭堆盘？

却笑东风从此，便薰梅染柳，更没些闲。闲时又来镜里，转变朱颜。清愁不断，问何人会解连环。生怕见花开花落，朝来塞雁先还。

——［宋］辛弃疾《汉宫春·立春日》

旧时，人们的很多头饰都十分生动美丽，比如幡胜，比如步摇，比如扁方，再比如华盛。我生来不喜装扮，做不得一个妆容精致的女子，于自己而言算不得遗憾，因为个性使然。只是每逢看到这些颇有些意思的饰物时，会有一些小小的纠结，想要拥有，却又觉得束之高阁无法体现其美丽，倒不如看着它们在别人的身上实现价值。有些喜欢，不必占有；有些占有，也并非真的喜欢。

戴幡不算女性朋友们的特权，据《武林旧事》记载，宋代王公大臣们也戴春幡，这种幡胜由“文思院”用金银制造，而一般的士大夫、平民百姓则剪纸做春幡。宋元时期，也有“闹娥儿”“斗蝶”“闹嚷嚷”“长春花”“象生花”等各种幡胜。明代《酌中志》：“（立春之时）有用草虫蝴蝶者，或簪于首，以应节景。”《宛署杂记》：“戴‘闹嚷嚷’，以乌金纸为飞蛾、蝴蝶、蚂蚱之形，大如掌，小如钱，呼曰：‘闹嚷嚷’。大小男女，各戴一枝于首中，贵人有插满头者。”现在，赣南的客家人仍然用彩色绸布剪制春幡。除了大人们佩戴春幡之外，孩子也戴春幡于手臂，男左女右，作为立春的象征。

在鲁豫一些地区，人们依然保留着立春给小孩子戴“春鸡”的习俗。“春鸡”是用彩色棉布和棉花缝制成的公鸡形状的饰品，钉在儿童的衣袖或帽子上，佩戴时要求男左女右，寓意吉祥。另外，在山西灵石，立春用绢做成小孩形状，俗名“春娃”，也多给儿童佩戴。

在制造业还不是特别发达的时代，女子们的手工活儿是必备技能，“大门不出，二门不迈”的她们日常生活就是做女红，待字闺中的时候给父母兄妹做，出嫁从夫后开始给丈夫孩子做，一

双手成了她们一生表达情感的重要途径。走进社会生活的现代女性自然不再满足于这样的生活状态，也有部分极端的人想要推翻一切旧时的结构。我不是一个愿意影响别人的人，我只觉得每个人都有选择自己生活方式的意愿和权利，这个世界因为存在着会选择各种生活方式的人们，所以才显得没有那么单一和无聊。有选择用手工表达情感的人们，也就会有选择其他方式表达的人，没有孰好孰坏，表达出来就好。

说起来，我也算是个不折不扣的现代女性，生活在衣食几乎都不需要自己动手的环境里。可是，我却非常热爱手工，或许是我学民俗的原因，也或许是我本身的喜好，我喜欢平日缝缝补补做些随身小物件，也喜欢揉揉捏捏做些小摆件，做得多了也爱送给朋友们，算是一番心意。比如，我会在立春这天用些轻黏土捏上一朵或是一束迎春花，放在自己的书桌上，虽不及鲜花香味扑鼻，却能看得长久些。当然，如果你的手再巧些，不妨做些仿真的发卡或是缝一个春鸡或春娃送给孩子们，告诉他们春天到了，可爱的小动物们也开始活跃了。

迎春土牛助

古时，每年的特定时令，朝廷都会依照节气到来的时间，在特定的方位举行隆重的迎气仪式，其中立春格外隆重。

立春之日，天子亲率三公、九卿、诸侯、大夫，以迎春于东郊。还反，赏公卿诸侯大夫于朝。命相布德和令，行庆施惠，下及兆民。庆赐遂行，毋有不当。

——摘自《礼记·月令》

立春之前，周天子会进行三天斋戒，于立春当日亲率三公、九卿、诸侯、大夫到东郊迎春。

汉朝继承周制，在立春日，皇帝率大臣到东郊迎接春气，祭祀勾芒（不同文献中也有写作

“句芒”）。勾芒，为古代木神（或春神），主管草木生长，辅佐东方上帝太皞，《淮南子·天文训》记曰：“东方，木也，其帝太皞，其佐句芒，执规而治春。”勾芒神长着人的头和鸟的身体，还有自己的坐骑，《山海经·海外东经》谓其“鸟身人面，乘两龙”，古代的神兽千奇百怪，仿佛不这样便落不得一个神兽的名号一样。

《后汉书·祭祀》：“立春之日，迎春于东郊，祭青帝句芒。车旗服饰皆青。歌青阳，八佾舞云翘之舞。”这里的服饰颜色仍与“木气”相应。明朝前期，北京地方官员在立春前一天，要在东直门外春场举行盛大的迎春仪式。除此之外，朝廷也会进行一些抚恤民心的工作，以顺应阳气上升的时令，促进万物萌动和生长。随后，律法中开始规定从立春至秋分不得奏决死刑，认为这是违背春生阳气规律的做法。人命，是与自然息息相关的，尊贵的天子都惧怕违背自然的意志。从什么时候起，人们的敬畏慢慢消失了呢？古人常说无知无畏，随着科技的发展，人越来越自大，却也越来越无知。

迎春礼虽然是官方主导的活动，但民间一直都积极参与，原因在于此礼的用意是为农事祈福，风调雨顺、农事兴旺当然是老百姓们祈盼的。春天是播种的季节，因此官方祭祀十分看重立春日在农业生产方面的提示意义。

官方根据立春节气到来的时间统筹指导或是安排农人们的耕作，所以迎春礼中也设置土牛、耕人，目的即在于示耕劝农，不误良时。

西汉时期，鞭春牛风俗已相当盛行，唐代诗人元稹《生春二十首》中的“鞭牛县门外，争土盖蚕丛”诗句，说明人们不仅鞭春牛以祈春耕顺利，而且认为鞭打下来的碎屑有助于养春蚕。宋代鞭春牛的习俗更加普遍，而为了弥补人们未抢到土牛的遗憾，集市上还出现了专门仿制的小春牛，引得人们争相购买，或互相馈赠以求农事兴旺。

据说，清代初年的扬州，立春前一日，太守会迎春于城东蕃厘观。扬州蕃厘观历史悠久，前身是西汉时代所建的后土祠——古时祭祀后土的地方。据说，清顺治、康熙年间，先后有两代张天师羽化在此观内，故被道家视为圣地。而在古代许多小说里，这里都被描写成神仙出没或是高人隐居之地。

清代著名文学家、以传奇爱情故事剧本《桃花扇》驰名的孔尚任在平阳（今山西临汾）生活了三个月，大约经历了冬春两季，当地立春的盛景曾给他留下了极为深刻的印象：

各为春情闹不休，劝农巧借古题头。

谁家吃打谁家戏，世上堪怜是土牛。

——摘自［清］孔尚任《平阳竹枝词》

民国之前，各地仍有“打春牛”的习俗。人们用泥土做成春牛，涂上五彩，还要做一个芒神。在立春这天，由县令在衙门内主持鞭春仪式。县令用彩鞭鞭碎春牛，众人争抢“牛肉”（打下的土块）带回家，以求有个好年景。

如今，很多地方都已不见了打春牛的习俗，倒是还会在立春前后张贴春牛图——年画的一种，有一儿童装扮的芒神，手持柳条，或立牛侧，或随牛后，或骑牛背。春牛图在农家常见，但居住在城市的人恐怕连这玩意儿长什么样子都不知道吧。当然，如果有兴趣也有时间，我倒是强烈推荐立春前后可以到乡间去看看人们与牛同耕的样子，更加深刻地体会一下农人与动物的相处之道，这与城里人与家中宠物的相处模式大不一样。

新桃换旧符

立春前后，正是人们过大年的时节。关于立春与春节之间的关系，还有几个有趣的说法——如果农历年里没有立春，这一年便被称为“寡妇年”；如果农历年里有两个立春则叫“两春”或“两头春”；有的年份，立春正好是农历大年初一这天，便叫“同春”。节气与节日的这种交融关系，跟历法有着十分密切的关联。

我们现行的历法有两种，一种是阳历，也被称为公历；一种是阴历，也被称为农历。事实上，公历和农历的说法是确切的，但是阳历和阴历的说法却不那么准确。阳历是以地球绕太阳公转的运动周期为基础而制定的历法，在一年中可以明显看出四季寒暖变化的情况，但在每个月份中，看不出月亮的朔、望、两弦。阴历则是以月球绕行地球的运动周期为基础而制定的历法，即以朔望月作为确定历月的基础。而我们现行的农历是一种阴阳合历，既遵守太阳运行的规律，又遵守月亮圆缺的规律。

说回我们的农历春节，春节在古时也被称为岁首、正旦、元日等。而在民间，春节的时间段落被更为接地气地称为大年。大年在传统社会有着重要的时间意义，它是一元复始、万象更新的时刻。无论朝野贵贱，男女老少，人们都要回归家庭，团聚在祖宗牌位前，共享春节的美好时光。

不知道你的家中是否还有诸如祖宗牌位之类的物件，又或者它只存留在你记忆深处或是遥远故乡的八仙桌上。如今城市钢筋水泥的空间里已没有合适摆放它的一席之地，如果我们春节时分无法返乡，那这一份对于祖先或是故人的思念便只能遥寄。我生在一个算是颇有历史的家庭——祖辈经商，前有铺面、后有作坊的那种，经营的是些笔墨纸砚之类的玩意儿，若不是特殊年代的一些境况，如今怕也是能申请“非遗”的老字号了。祖父自幼学习经商，走南闯北中尽显能力，将家业铺得甚大。特殊时代，他也善审时度势，用尽全部家当换来个还算过得去的阶级成分。这些以及更多的故事，便是每逢春节，我们全家围坐在供桌前，大伯父讲给我们听的。每年团年，伯父都会跟我说，亲身经历过这些故事的人一年比一年少了，可正是这些故事，才让我们明白家族的历史，也更明白血脉相承的意义。我相信每个人都生在一个有故事的家庭中，这些故事或许琐碎，但却有温度。何妨在团年这样的时刻，一家人围坐在一起，翻翻泛黄老旧的照片、讲讲过去的故事，也许你会对家、对春节有着更为深刻的感受。

古时，朝廷把春节这样的节日当作彰显仁政的契机，在这样美好的日子里，官民同乐，普天同庆。

岁首朝贺，始于汉。明代朝中亦重视元旦朝贺之仪，不仅京官要早朝朝贺，地方官也要拜贺。明代《西湖游览志余·熙朝乐事》有曰："正月朔日，官府望阙遥贺，礼毕，即盛服诣衙门，往来交庆。"民间在迎来新春的第一天早晨，人们也会互相贺年、拜年，顺序是先家内，后家外。明代帝都元日拜年之风盛行朝野上下，陆容《菽园杂记》载："京师元日后，上自朝官，下至庶人，往来交错道路者连日，谓之拜年。"清朝中期，人们贺年、拜年之俗，沿袭明朝。清晨，士民之家，着新衣冠，肃佩带，祭神祀祖，焚烧纸钱，阖家团拜后，出门拜年贺节。

旧时拜年流行的行礼方式是长揖。所谓长揖，是就行礼的时间而言，时间越长也就表明态度越发的尊重和谦卑。当然，对于那些教条主义者或者看不惯繁文缛节的人来说，以时间的长短来表明尊敬的程度也很容易闹出笑话：

两亲家相遇于途，一性急，一性缓。性缓者，长揖至地，口中谢曰："新年拜节奉扰，元宵观灯又奉扰，端午看龙舟，中秋玩月，重阳赏菊，节节奉扰，未曾报答，愧不可言。"及说毕而起，已半晌矣。性急者觉其太烦，早先避去。性缓者视之不见，问人曰："敝亲家是几时去的？"人曰："看灯之后就不见了，已去大半年矣！"

——［清］游戏主人《笑林广记·殊禀部·作揖》

短短的一则笑话，利用节日行礼的方式巧妙地描绘了性格相反的两种人，读了令人莞尔一笑。其实，社交性质的拜年兴于唐宋时期，《东京梦华录》中有载："正月一日年节，开封府放关扑三日，士庶自早，互相庆贺。"旧时，文人士大夫间进行的社交拜年活动也叫投刺。投刺，即投递名帖，这种社会交际活动北魏时即已有记载：“或有人慕其高义，投刺在门。”清代陈康祺在《郎潜纪闻》也说：“明季士大夫投刺，率称某某拜，开国犹然。近人多易以‘顿首’二字。”投帖拜年的方式起于南宋，后来渐渐演化为农历春节拜年活动的一种，明清之际尤为盛行。

早期的贺年名帖，造型比较简单，一般用梅花笺纸裁切而成，上端写接受名帖人的姓名，下端署贺者姓名，中间写“恭贺新禧”“岁岁平安”“万事如意”之类的贺词。清代康熙年间，开始用红色硬纸制成贺年名帖，以示喜庆。后来，又盛行将贺年名帖装在锦匣里，称之为“拜匣”，以示庄重。据说，具有民国文人范儿的邓云乡，贺年便以毛笔亲书贺年片，署名“晚邓云骧”，还会印有“水流云在之室”字样。

如今，科技的发展让人们的拜年方便了许多，却也乏味了许多。记忆中，奶奶还在的时候，我们家的初一、初二甚是热闹，因为会有老家的人前来拜年，成群结队的。那时候我们还住在有院子的房子里，给奶奶拜年的人常常一排一个长队，呼呼啦啦跪一院子，行的是跪拜礼，景象很是“壮观”。奶奶也会一个个地给红包，她喜笑颜开的样子，我至今还记得。再后来，我们有了电话，有了手机，有了3G、4G甚至5G通信技术，仿佛一条短信、一句问候就可以将一年的祝福顶替。见字如面没有字，抢个红包就是年。人们当面沟通的次数少了，即使近在咫尺也要通过手机联系，网络才是彼此交流的方式，眼睛的作用不是为了注视对方，而是盯着屏幕。很多时候，我怀念科技还没有如此发达的过去，拱手作揖、互相道的一句“新年好”中，尽显人情的温度。

过完正月初一，还有初五，在我生活的地方，人们称之为“破五”。

在明代，正月初五还不算重要的时间点。明人的文集与地方志中，一般没有说到初五，只在闽地有初五“得宝”之说。《五杂俎》中曰：“闽中俗不除粪土，至初五日，辇至野地，取石而返，云‘得宝’”。清代中期以后，正月初五逐渐得到重视。

正月初五，在南北有着不同的习俗，表达着人们祈求生活富裕的愿望。在北京，正月初五之日不得以生米做饭，女性不得出门，至初六才可以往来祝贺。正月初五在清代还是送穷日，康熙《解州志》载：“正月五日，缚纸妇人，寅夜出之街衢，曰‘送穷’”。把穷苦送走，自然是迎来富足。

在南方，正月初五是接财神日。清代的苏

州，在初五这天祭祀路头神，人们认为初五是五路财神的诞日。初五这天人们争先早起，敲起锣，燃响鞭炮，摆上供品，迎接路头神。谁先接到神，谁就得到好运：

> 五日财源五日求，一年心愿一时酬。
> 提防别处迎神早，隔夜匆匆抢路头。
>
> ——摘自［清］蔡云《竹枝词》

路头神来源于古代行神，将行神奉作财神大约是清朝江南人的创造。江南城市商业发达，商品货物的往来流通无不依靠交通，物畅其流，也就财运亨通，所以传统的道路之神，也就变化为主管财运的财神。清代《吴郡岁华纪丽》中说："五路者，为五祀中之行神，东西南北中耳。求财者祀之，取无往不利也。"在苏州，初五这天市井开市贸易，因此无论贫富贵贱，初五都要祭祀财神。

我曾经去苏州上方山——一个传说有灵异事件发生的地方，做过一段时间的田野调查，当地的人们对于五路财神颇为崇拜，烧香甚至诵经是他们经常做的事。上海的城隍庙，也是初五接财神的重要地点，有人挑担上街卖鲜鲤鱼，称为

“送元宝鱼”，晚上喝酒，名曰“财神酒”。听闻近些年，民间的财神信仰愈演愈烈。人有一怕，怕的是未知，人有一敬，敬的也是未知。

在我有记忆的大年时段里，“破五”也就是一顿饺子而已，母亲总会念叨着说：“初五的饺子一定要多吃，可以积攒福气。”事实上，从过大年开始，每顿饺子她都会嘱咐我多吃，这是母亲们的共性吧——总觉得你饿，也总觉得你冷。想来，既然很多节日中的食俗更容易让人们接受并传承下来，其实也就不用太过担心节日其他内容和形式的消逝。你看，即便只是小小的饺子，包含的也是过年的福气和运气。

共说太平年

正月新春，最热闹的便是各地的庙会。赶庙会，也是人们过大年的惯例。因为所学专业的关系，老北京以及家乡的庙会是我比较熟悉的，从书本上读过，也亲身经历过。

老北京的庙会实在是多，不过倒是有个时间表可以遵循：正月初一到十五，可以赶厂甸、琉璃厂、东岳庙的庙会。除此之外，初三土地庙、初七八护国寺、初九十隆福寺，二十三到二十五黄寺、黑寺挨个逛，只要你有兴趣，整个正月都不得闲。当然，在这众多庙会中，我最爱厂甸的庙会，规模大、京味也浓。

小帽长衫才散衙，缎靴健仆走横斜。
摘将眼镜匆匆避，对面偏逢太太车。
——摘自［清］李虹若《厂甸正月竹枝词》

厂甸，位于北京东郊的海王村，元代时在此处设琉璃官窑，明代时开始有商铺进驻，每逢正月，众多商家聚于此地，形成集市。《帝京景物略》记载："东之琉璃厂店，西之白塔寺，卖琉璃瓶，盛朱鱼，转侧其影，大小俄忽。"清代，由于灯市迁到厂甸，加上修《四库全书》的契机，使得厂甸聚集了大批的文人、书商，从而形成一定规模的集市。

另外，厂甸附近还建有吕祖祠、火神庙和土地庙三座寺庙，香火十分旺盛，使得逛厂甸庙会成为明清北京春节期间十分重要的民俗活动。

庙会最吸引人的自然是热闹欢快的气氛，厂甸庙会上约有数百种供售卖的各类物品，比如小吃、玩具等，还有各种各样的"杂耍"，其中最著名的有三样：冰糖葫芦、风车、空竹。清人孔尚任在《早春过琉璃厂》中说："招摇过市的冰糖葫芦，猎猎作响的大风车，嗡嗡嘤嘤的抖空竹，乃著名'老三样'。"

当然，每个庙会也都有属于自己的特色。厂甸庙会的特色就在于雅俗共赏、文商并重，由于文人和书商汇聚，厂甸庙会成为文化氛围最浓郁的庙会。明清之际，会馆云集于厂甸附近，赴京赶考的文人们便在这里扎堆：纪晓岚的故居阅微

草堂在虎坊桥东，著名诗人王士禛的故居在西太平巷，清末爱国诗人黄遵宪曾住香炉营头条的嘉应会馆……据说，鲁迅住京十几年间，逛厂甸庙会的次数超过四十次。

琉璃厂也是戏曲名伶时常光顾的地方，程长庚、余叔岩、裘盛戎等皆环居于此，谭鑫培在这里拍摄了北京梨园史上第一张剧照《定军山》，梅兰芳经常到这里搜集古画。如今，走在琉璃厂的胡同中，依然可以感受到梨园的气息。从徽班进京，到京剧形成与发展的二百余年，梨园始终没离开前门、琉璃厂、椿树这一带。如今，这些地方仍然有一些院团在进行着小型的演出，恍惚间总觉得是在跟历史对话。

我爱听戏，并且不怎么限剧种，一来觉得戏文实在是美得很，二来喜欢现场的感受。

扬鞭催马长安往，春愁压得碧蹄忙。风云未遂平生望，书剑飘零走四方。行来不觉黄河上，怎不喜坏少年郎！拍长空逐浪高百丈，归舟几点露帆樯。真乃是黄河之水从天降，你看它隘幽雁，分秦晋，带齐梁。浩然之气从何养，尽收这江淮河汉入文章。琴童带马把船上，艰难险阻只寻常。

——摘自京剧《西厢记》

我虽不那么喜欢小生的唱腔，但是《西厢记》里这段张珙的唱段一听便觉惊艳，田汉先生填词，叶盛兰先生演唱，实属极品。有时候也会想，如果我能生在清末或是民国那个戏曲依然兴盛的时代会是怎样？可如果真在那个时代，会不会又有别的东西成了我的“乡愁”了呢？

古人不见今时月，今月曾经照古人。如此，也罢。

说回庙会，我真心推荐在正月里去逛逛庙会，过大年的气氛在庙会里是最容易感受得到的。在熙熙攘攘的人群中漫无目的地徘徊，随便找个售卖小吃的摊位尝上一尝，收敛一下稍微有些挑剔的味觉，你会发现放在嘴里的就是“日子”的滋味。

春节，我们生活里太过隆重的一个日子。虽然很多旧时的习俗如今已经没有延续的必要，可是在我看来，给远方的人们寄一张写满祝福的贺卡远比发送些不知道从哪里复制粘贴的短信或微信会更让对方惊喜些。给老人们准备些保健品，给孩子们包上些红包，全家坐在一起唠唠嗑。年，说起来复杂，其实也简单得很，无非是在日常的忙碌中给自己和家人多一些相处的时间，让我们的生活更有人情味些。

立春初五日，初候东风解冻。和煦的风融了冰冻，大地开始迎接温暖的时光。

立春又五日，二候蜇虫始振。蛰伏一冬的虫儿们感受到温暖，开始慢慢苏醒。

立春后五日，三候鱼陟负冰。河里的冰慢慢融化，鱼儿们也到水面上游动，那些还没有完全融化的碎冰片，如同被鱼背着一般浮在水面。

从立春这天开始，我们便要和自然一起迎接春天的到来，温煦的春风提醒着农人们要抓紧耕作，而无须耕作的我们也要做些什么才能不辜负春天的光临。一年之计在于春，每个人都有自己的规划，何妨把曾经习惯的年度计划按照节气来进行安排，这一年可能会有不一样的感受。尝试着将告知自然变化的文字重新放回标记时间刻度的数字里，唤醒曾经的感知，我们的生活会更加丰富。

雨水

乍暖还寒时候，火树银花不夜。

记忆中，正月初七之后，无论昼夜，大街小巷几乎都是五彩缤纷的样子，与新春时满目的鲜红相比，更加斑斓，也更加热闹。

这个时段正值初春，雨贵如油的时候；

这个时段恰逢元夕，花放千树的节日。

雨花灯影里，又是一年春好处。《月令七十二候集解》也说："雨水，正月中。天一生水，春始属木，然生木者，必水也，故立春后继之雨水，且东风既解冻，则散而为雨水矣。"

春生万物，植物需要雨露的滋润才能够成长。

春来雨水足

早些年，我们生活的世界相对简单一些，人们对于自然有着更多的关注和感知，大概每天都能发现世界的变化，也正是这些变化催促着人们对生活做出一些调整。《礼记·王制》曰：“孟春之月，獭祭鱼，然后虞人入泽梁。”“虞人”，古代官名，掌管山河、苑囿、畋牧之事。雨水之后，人们跟随着水獭的节奏，也开始进入河湖打鱼。《通典·诸杂祠》又曰：“东晋哀帝欲于殿前鸿祀，以鸿雁来为候，因而祭之，谓之鸿祀。”鸿雁到来，人们要祈祷顺遂。那时，动物的生活具有节律感，人们的日子也更有仪式感，相辅相成之中，尽显物我合一的观念。

雨水之日有雨，在农人眼中是大吉之事，农谚“雨水有水年成好，雨水无水收成少”，说的就是这个道理。旧时，人们也有在雨水之际进行“占稻色”的习俗，算是对未来的一种预测。所谓“占稻色”就是通过爆炒糯谷，来占卜是年稻收的丰歉：如果爆出来的米花多，则预示着是年的收成好；如果爆出来的米花少，则意味着年景不好。南宋时期，爆炒糯谷多在元宵节前后进行。元代开始有了雨水占稻色的记载。到了明代，“爆谷”不仅能预卜庄稼收成，还能占喜事、问生涯：

> 东入吴门十万家，家家爆谷卜年华。
> 就锅抛下黄金粟，转手翻成白玉花。
> 红粉美人占喜事，白头老叟问生涯。
> 晓来妆饰诸儿女，数片梅花插鬓斜。
>
> ——［明］李诩《爆孛娄诗》

据说，这样的爆炒糯谷便是我们现在爱吃的爆米花的前身，可是，从什么时候起，它变成没有预测年景功能的小食了呢？如果它继续有着这样的功能，爱吃的人们每次都会想些什么样的境况来预测呢？

雨水节气始于七九，河冰解融，水波流动，大雁北归，草木萌动。当一场细雨悄无声息地飘落，凝结已久的大地便开始被唤醒，草开始变青，柳开始抽芽，花儿慢慢含苞待放，万物欣欣向荣，春天的气息仿佛在这一场雨中就变得浓厚起来了……农人们忙于农事，多半无暇抒怀，倒是诗人们对春天的感觉随着滴滴细雨逐渐清晰起来：

古木阴中系短篷，杖藜扶我过桥东。

沾衣欲湿杏花雨，吹面不寒杨柳风。

——［宋］僧志南《绝句》

春天的绵绵细雨，也许给人带来无限欣喜，也许给人以无限忧伤。雨疏风骤，润物如酥，忘了青春，也误了青春，这便是更为敏感的诗人们的诉说。

好雨知时节

在很多地方，雨水跟耕作的关系更加密切。《释名》云：“雨，水从云下也。雨者，辅也，言辅时生养。”雨水是生活中最重要的淡水资源，植物也要靠雨露的滋润才能够茁壮成长。如果久旱不雨，便是一种巨大的自然灾害。但是，如果久雨不停，也是生活的灾难。只有应时节而降的适量的雨，才称得上真正的好雨。所以，人们的生活里就多了祈雨与祈晴的仪式，它们都是在传统文化的积淀以及特定观念的渗透下为人所创、为人所信、为人所用的。反过来，它又以其丰富的内涵，充分反映了我国民间自古以来形成的思维方式和传统观念，其中最为突出的便是深深烙印在这一习俗上的人类对于神灵的信奉、对于神力的膜拜、对于自然规律的认知以及对于自我精神的张扬。

关于祈雨，人们似乎了解得更多一些，《西游记》第四十五回《三清观大圣留名车迟国猴王显法》中就描写了虎力大仙与唐僧师徒斗法祈雨的过程。事实上，古代祈雨的方式有很多种，比如，尞祭祈雨——以柴薪燃火焚烧祭品的祈雨方式；献祭祈雨——用食物等物品祭祀祈雨的方式；雩祀祈雨——以舞乐祭祀神灵祈雨的方式；以龙祈雨——以造土龙、画龙、舞龙祈雨的方式。

关于祈晴，人们知道的并不是太多，但这却是我非常感兴趣的一个话题。出于对剪纸的兴趣，我对“扫晴娘”的形象比较熟悉（流传到日本便是所谓的“晴天娃娃”）。“扫晴娘”是我国民间祈祷雨止天晴时所用的剪纸妇人像。妇人手携一笤帚，常以红纸和绿纸裁剪而成，用线绳悬挂在屋檐下或树枝上，借风力摇摆旋转做扫除状。这实际上是一种民间祈晴的巫术活动，目的是止断阴雨，以利于晒粮和出行，曾广泛流行于我国华北以及江南地区，是极具中国特色的风俗之一。

如今，我的生活里，不常见到“扫晴娘”的身影，倒是时常见到由其衍生而来的“晴天娃娃”——功能是一样的，去海外镀了一层金，一转眼倒成了稀罕物件，着实有趣得很。

火树银花合

雨水之际，恰逢元夕——一个唯美的传统节日。

正月为农历元月，古人称“夜”为“宵”，所以把一年中第一个月圆之夜即正月十五称为元宵节，又称“元夕”“上元”或是“灯节”。良宵元夜，灯月留影，这个月圆之夜，在人们的生活中有着不寻常的意义。

除夕伊始，人们关门团圆，在新旧时间转换的过程中，暂时中断了与外界的联系，随后人们打破静寂，用喧天的锣鼓和舞动的龙狮开启又一年的热闹。

元夕是色彩斑斓的节日，而华彩灯火是这不夜天的重中之重。元宵张灯源于古时以火驱疫的巫术，随着佛家燃灯祭祀的习俗传播至中土，后逐渐演变为元宵张灯的习俗。

隋唐以前，元夜张灯的记载很少见，之后，城市夜生活的兴起促进了元宵张灯活动规模的扩大。到了隋朝，京城与州县城邑的正月十五夜，已成为不眠之夜。唐代，京城里取消了正月十四、十五、十六三夜的宵禁，人们可以彻夜自由往来，即所谓“金吾不禁”：

火树银花合，星桥铁锁开。
暗尘随马去，明月逐人来。
游妓皆秾李，行歌尽落梅。
金吾不禁夜，玉漏莫相催。

——［唐］苏味道《正月十五夜》

宋代，元宵灯火更为兴盛，张灯的时间由三夜扩到五夜，灯笼制作也更为奇巧，诸如沙戏灯、马骑灯、白象灯、人物满堂红灯等灯品都有记载。

宋元易代之后，元宵节相关习俗依然传承，只不过因为一些缘由，灯节如同其他娱乐节日一样受到限制。明代全面复兴宋制，永乐年间元宵放灯延至十天，京城百官放假十日，灯节迎来又一个高潮：

有灯无月不娱人，有月无灯不算春。

春到人间人似玉，灯烧月下月如银。

——［明］唐寅《元宵》

元夜灯月相映成趣，赏心悦目，人们穿梭其中，甚是热闹。

灯彩之外，元宵节的斑斓之中还少不了飞腾的焰火。宋时，皇宫观灯的高潮便是放烟火。明清时，焰火品类逐渐繁盛，诸如线穿牡丹、水浇莲、金盆落月等，皆奇巧无比。

元夕之夜，张灯放花，群相宴饮，这就是旧时人们常说的“闹元宵”，似乎空气里都弥漫着又一春的喜气与艳丽。如今，元宵花灯同样热闹。记得在我很小的时候，元宵时节，常常会有一条长街作为灯市，街道两旁便是各个单位或组织扎就的花灯（比如在我印象中，父亲的单位每年都会扎灯，主题一般都是猪八戒背媳妇之类的欢乐场景）。白日里，街道照旧行车行人，虽然花灯也在，但是总归不如夜里来得更美，所以一到傍晚，这条长街便开始拥堵。后来，灯市便移至公园之类的地方，安全性和华美程度都有所提高，但于我而言总感觉少了些什么——大概就是小时候站在叔叔的自行车后座上在人山人海中看花灯的感觉吧。虽然感觉变了，但是一旦到了元宵，我还是愿意四处寻觅灯市去逛逛，毕竟一年到头，这样的机会少之又少。

旧时，女性的社会地位比较低下，一般不与外界人士接触，过着“大门不出，二门不迈”的家庭生活。因此，只有在某些特定的时间或是场合中才能够看见女性活动的场景。比如，明清时期较为流行的元夕之夜的“走桥”活动：

> 前门夜静月华开，市上女郎带醉回。
>
> 敢怨儿夫弛夜禁，绣花裙子走桥来。
>
> 元夕妇女群游，祈免灾病，谓之“走百病”。凡有桥处，相率以过，谓“走桥”。
>
> ——［清］郭士璟《燕山竹枝》

“走桥”，又称“走百病”，多由女性参加，以祛疾去病为主要目的。就现有文献资料来看，北京地区的妇女走桥活动最早见于明朝，一直沿袭至清。清代文人潘荣陛所著《帝京岁时纪胜》中也有关于元宵节夜晚妇女走桥活动的记载：“元夕妇女群游，祈免灾咎，前一人持香辟人曰走百病，凡有桥处，三五相率以过，谓之度厄。俗传曰走桥。”据《北京桥梁信息资料汇编》中的数据统计，北京从古到今，桥梁总计超过一万座，大约平均每平方公里就有一座桥，不知道是不是每一座桥都承载着正月十五夜人们的脚步。很早的时候，流行一首关于北京的桥的歌曲，我已经不记得具体的内容，但是写到这里的时候，却能自然而然地哼出一段小小的旋律。可惜，在京城待了三年的时间，甚少有在此过元宵节的机会，到如今也没有走过几座桥。不过，如果真的想把元宵节过得更有仪式感，除了吃些元宵、看点儿花灯之外，不妨携着父母、子女去走走城市里的桥，讲讲新桥的建筑风格，讲讲老桥的历史故事，也算是把旧时的“走桥”仪式更新了。

在社会急剧变革的当代，旧时的一些时间节点所承载的特定意义已渐渐被现实的日常生活消解，人们好像慢慢失去了一些感受和兴趣，曾经拥有繁复仪式的节气和节日也开始慢慢简化为吃些什么就过去的日子。

当然，我也不确定是否应该把每一个时间节点都过成往日时光的再现。我只是觉得，时间自有它的曼妙，每个人都有自己偏爱的时段。

我们觉得变了的，可能始终都在，只是换了一个方式而已。看到的是落地为尘，看不到的是入土化泥。我们走到此时，已经历一个又一个春夏秋冬，有时沉寂，有时蓬勃。

这，便是自然告诉我们的道理。

雨水初五日，初候獭祭鱼。雨水渐多，水獭开始捕鱼，它们将捕到的鱼儿摆在岸边，如同人们先祭祀后食用的样子。

雨水又五日，二候鸿雁来。到南方避寒的大雁们，开始从南方飞回北方。

雨水后五日，三候草木萌动。春雨滋润万物，草木长出嫩芽，大地渐渐开始呈现出一片欣欣向荣的景象。

从雨水开始，我们能够看到的新鲜景色越来越多，比如油绿的叶儿、娇艳的花儿。雨水之后，我们可以结束“猫冬”的日子，到自然中去寻些趣味了。

雨水前后，正逢元夕，一个夜晚比白昼更为精彩的节日。虽然印象中我小时候那样存在于长街之上的灯市现在已经鲜少看见，可是如今的灯市更集中、更炫彩。所以，元夕夜吃完元宵之后，何妨携亲朋好友找一处灯市，让眼睛看到的色彩更绚烂，也更真实些呢？女孩子们也可以约上三五好友，着上一身汉服，走走你所在的城市的桥，不仅装饰了自己，也点亮了别人的元夕风景。

错过了夜晚，便错过了最美的元夕。当越来越多的人没有仪式感时，这个世界便会索然无味。

惊蛰

惊动万物，蛰虫皆起，人们在不知不觉间来到了春天的中间段落。

惊蛰之名颇有动感，一上口便觉得有一股萌动的味道。《月令七十二候集解》记曰：“二月节……万物出乎震，震为雷，故曰惊蛰，是蛰虫惊而出走矣。”惊蛰之前，动物冬藏伏土、不饮不食，一旦到了惊蛰时节，雷声惊醒蛰居的动物，对它们而言，生机勃勃的春天即将到来。

历史上，惊蛰也曾被称为“启蛰”，《大戴礼记·夏小正》曰：“正月启蛰，言始发蛰也。”汉朝第六代皇帝汉景帝名启，因此为了避讳而将“启”改为“惊”字，南宋王应麟在《困学纪闻》中解释：“改启为惊，盖避景帝讳。”同时，孟春正月的“惊蛰”与仲春二月的“雨水”的顺序也被置换，立春——启蛰——雨水转换为立春——雨水——惊蛰，这个顺序也就成了现在固定的节气顺序。唐代以后，“启”字之讳已无必要，“启蛰”的名称重新被使用。但由于习惯的原因，唐代起施行的大衍历再次使用了“惊蛰”一词，并沿用至今。

大地回暖，草木返青，蛰虫苏醒，农人们从这个时候起，真正开始了一年的忙碌。

惊蛰一声雷

惊蛰前后是田间劳作的重要时间，农谚有“过了惊蛰节，春耕不能歇”的说法，惊蛰在农忙方面有着非常重要的意义，它被视为春耕开始的日子。

在农耕地区，第一声春雷几时打响在农人们眼里是很重要的，因为可以推测未来天气和收成情况。“雷打惊蛰前，四十九天不见天”，说的是如果在惊蛰前打雷，这一年的雨水就特别多，很容易产生低温阴雨天气。不过，山区与平原不同，雨水虽然很多，但是农田比较容易排水，所以人们会说“雷打惊蛰前，高山好种田”。如果雷在惊蛰当天响起，农田里面不管种的是什么都会大丰收，即所谓“惊蛰闻雷米如泥”。

惊蛰时节，冬眠中的蛇虫鼠蚁都会惊醒，逐

渐遍及田野，或殃害庄稼，或滋扰生活，给人们的生产和生活带来很多危害，所以人们常常在惊蛰时节对这些有害的动物进行驱赶活动。《千金月令》曰：“惊蛰日，取石灰糁门限外，可绝虫蚁。”一般认为，石灰具有杀虫的功效，惊蛰这天将其撒在门槛外，虫蚁一年之内都不敢上门：

大埔有一处奇俗，名曰炒惊蛰。每年到是日晚间，家家皆取黄豆或麦子，放在锅中乱炒，炒后并舂，舂后又炒，反复十余次而后已。其原因，盖大埔地方，有一种小小之黄蚁，凡人家所藏糖果等食，必蜂聚而食。俗云，是晚炒了豆麦等物，则黄蚁可以除去也。炒黄豆及麦子之时，口中并念道：“炒炒炒，炒去黄蚁爪；舂舂舂，舂死黄蚁公”也。

——摘自《中华全国风俗志·广东》

这些习俗在很多地方仍有流传：江西部分地区，惊蛰日农人会将谷种、豆种及各种蔬菜种子放入锅中干炒，谓之“炒虫”，寓意是希望五谷丰收，不受虫害；陕西部分地区，人们要吃炒豆，他们会将用盐水浸泡后的黄豆放在锅中爆炒，黄豆会发出噼噼啪啪的声音，象征着虫子在锅中受热煎熬。

在我生活的齐鲁大地的一些地方，惊蛰当天，人们会在庭院之中生火烙煎饼，用烟熏火燎的方式杀灭虫蚁。这当然是早些时候乡村的做法，如果在城市如同沙丁鱼罐头一般的单元房里进行这样的“节气习俗”，恐怕早被物业工作人员“约谈”了。

冒鼓惊蛰日

一雷惊蛰始，惊蛰与雷相关，因为人们听到雷声就知道春天已经来临了。古时，人们会在这天祭祀雷神，祈求一年的农耕生活顺顺利利。

《周礼·韗人》说："凡冒鼓必以启蛰之日。"其注曰："启蛰，孟春之中也。蛰虫始闻雷声而动；鼓，所取象也；冒，蒙鼓以革。"韗人，也就是古代负责制造皮鼓的工匠，他们造鼓时一定要在惊蛰这天蒙鼓皮，因为他们认为，雷神会在这一天于天庭之上敲击天鼓，这样做是顺应天时之举。传说早期雷神的形象就是人头龙身，后来，人们对于雷神的形象有着各种各样的描述：《酉阳杂俎》说其"猪首，手足各两指，执一赤蛇啮之"；《搜神记》说其"唇如丹，目如镜，毛角长三寸余，状似六畜，头似猕猴"。总之，雷神形象不定。后来，为了祈求风调雨顺，家家户户都会贴上雷神的画像，摆上供品祭祀，或者直接去庙里烧香祭拜。

在客家人心中，雷神地位崇高，有俗谚云，“天上雷公，地下舅公”，说的就是天上的雷神和人间的舅父的重要地位和作用。客家地区虽然难觅专门的雷神庙，各种庙观里却几乎都供奉着雷神。客家人在惊蛰这天专门祭祀雷公，以祈求一年人畜平安。

在我的记忆里，雷神有些可怕，大概缘于最早接触的雷神形象是《封神演义》中的雷震子吧——一副面如青靛，发似朱砂，眼睛暴湛，牙齿横生出唇外的样子。雷震子本是一个面目清秀的少年，因为一个选择，变得面目全非，纵使拥有了所谓的“法宝”，也真是让人难以接受。随着现代生活节奏的加快，人们忙于奔波，那些稀奇古怪的神话故事被讲述的次数越来越少。但我们要知道，这些虚幻缥缈的东西虽然只是人们的口头传说，却真实反映着那个时候人们对于世界的认知。即便节气更多地被应用于农事，与其相关的知识却是可以被传承下来的宝贵精神财富。所以，不妨在惊蛰这天，给孩子们讲讲相关的神话故事，与孩子们一起，重返旧时人们的精神世界。

四方有神兽

中国古代把天空里的恒星划分成为“三垣”和“四象”。“垣”是城墙的意思，“三垣”环绕着北极星呈三角状排列，而在“三垣”外围分布着“四象”，“四象”里又各含七个星宿，称为二十八星宿。每一宫的七星宿，都跟一个对应的动物联系在一起，让它更加形象，更容易让人接受，即所谓的“东青龙、西白虎、南朱雀、北玄武”。后来古人又将其与阴阳五行相配，青龙代表木，白虎代表金，朱雀代表火，玄武代表水。汉代非常流行四神纹瓦，漆器、石刻、砖瓦、铜镜等各种工艺品的装饰上都出现过四神兽的形象。“四象”的概念在古代日本和朝鲜也极受重视，这些国家常以“四圣”“四圣兽”称之。四神之中，青龙与白虎因为勇猛威武，被人们当作镇邪的神灵，其形象多出现在宫阙、殿门、城门或墓葬建筑及其器物上。朱雀主要代表幸福，寄托人们希望过上幸福生活的愿望。玄武是龟蛇合体，代表长寿，表达人们对长寿、长生不老的心愿寄托。

东有青龙西白虎，中含福皇包世度。
玉壶渭水笑清潭，凿天不到牵牛处。
麒麟踏云天马狞，牛山撼碎珊瑚声。
秋娥点滴不成泪，十二玉楼无故钉。
推烟唾月抛千里，十番红桐一行死。
白杨别屋鬼迷人，空留暗记如蚕纸。
日暮向风牵短丝，血凝血散今谁是。

——［唐］李商隐《无愁果有愁曲北齐歌》

朱雀是守护南方的神兽。朱是鲜红色，是火焰和太阳的颜色。古人在四象图画中描画太阳的时候，常常把在太阳里蹲着的那只鸟，画作长尾巴、羽毛绚丽的凤凰类。很多人将朱雀认作凤凰，但实际上朱雀与凤凰存在极大的不同：从形象上说，朱雀早期的造型尾巴很短，更像鹌鹑；从地位上说，凤凰是百鸟之王，而朱雀却是天之灵兽，比凤凰更尊贵。

玄武是守护北方的神兽，是一种由龟和蛇组合

成的灵物。古代人们把北方的若干星星想象为龟蛇形象，也称之为“玄武”。传说女娲创造了人类后，某年的一天天空突然出现个大窟窿，暴雨倾注，洪水泛滥，人类面临绝境。女娲见此便在黄河之滨炼五色彩石，把天空补好。女娲怕天空再塌下来，便到天涯海角捉来一只特大的乌龟（玄武），砍下它的四条腿立于大地四方，作为擎天之柱，把天空牢牢地撑住。这四条乌龟腿就化作顶天立地的高山，因此古人也把山脉称为“玄武”。

青龙，也称为“苍龙”，是守护东方的神兽，其形象是由蛇头、鹰爪、鹿角、虎掌、牛眼、马鬃、鱼鳞等九种动物的元素组成的。传说中苍龙是圣人的庇佑者，龙的现身预示将有圣人出现。《拾遗记》载：孔子出生时有两条苍龙自天而下，盘旋在孔子母亲居所的房顶之上。

白虎是守护西方的神兽，也是神兽中唯一真实存在的动物。古时人们认为白虎是吉祥的象征，天下出现仁君、国泰民安时白虎才会出现。汉代，白虎形象或是出现在石墓的墓门上，或与青龙被分别刻在墓室的过梁两侧，用以辟邪。东汉时在洛阳建有白虎观，后来还把处理军机事务的地方叫作“白虎堂”。白虎也被认作战神，所以多位猛将都有“白虎星转世”的美名，如唐代大将罗成、薛仁贵等。

但是，也有的地方认为白虎是凶星，遇之不吉，所以应该算是非之神。明代《大六壬指南》卷五有云：“白虎：主凶灾、血光、惊恐。”清代《协纪辨方》卷三引《人元秘枢经》：“白虎者，岁中凶神也，常居岁后四辰。所居之地，犯之，主有丧服之灾。”这里所说的白虎也就是俗语所云“丧门白虎”或“退财白虎”。民间有传说白虎星君每年都会在惊蛰当天出来觅食，如果遇上它，一年之内会遭小人兴风作浪。所以，大家便在惊蛰祭白虎：用纸绘制白老虎像，再以猪血抹在纸老虎嘴上，寓意其吃饱后便不再出口伤人，然后再把生猪肉抹在纸老虎的嘴上，寓意不能张口说人是非。除了在惊蛰之日进行此仪式外，粤剧新台搭成时亦会上演“祭白虎”的戏，旨在辟邪，以保演出顺利，也称“破台”。古时戏班四处演出，一到陌生的地方便会举行“破台”仪式，与惊蛰祭白虎一样，用意都是驱邪，只不过粤剧是由演员扮虎。

在广东和香港地区，惊蛰这天有“打小人”的习俗。“小人”是指那些喜欢挑拨离间、惹是生非的人，也象征无缘无故惹来的是非或厄运。传说惊蛰之日起，“小人”开始频繁活动。通过“打小人”的仪式，人们可以消灾解困、化险为夷。我去粤地不多，但却偶然间看过根据香港作家李碧华的小说改编的电影《惊蛰》，电影里午夜的街道，幽怨的少女，实在与我之前知道的惊蛰不是一个氛围。

春风桃李开

惊蛰当日，民间有吃梨的习惯。梨在古代有着“百果之宗”的美誉，人们甚至认为有些梨吃了可以成仙。《汉武内传》曰：“太上之药，果有玄光梨。”《神异经》也有曰：“木梨生南方，梨径三尺，剖之少瓤白素。和羹食之地仙，可以水火不焦溺矣。”

古人吃梨，不仅仅因其汁多味美，还因其有良好的养生效果。梨性寒味甘，《本草纲目》说其能够“润肺凉心，清痰降火，解疮毒酒毒”，可令五脏和平，以增强体质。

昨宵宴罢醉如泥，惟忆张公大谷梨。
白玉花繁曾缀处，黄金色嫩乍成时。
冷侵肺腑醒偏早，香惹衣襟歇倍迟。

今旦中山方酒渴，唯应此物最相宜。

——［五代—北宋］徐铉《赠陶使君求梨》

如今，山西一带还流传有“惊蛰吃了梨，一年都精神”的民谚。山西祁县的人们在惊蛰日都要吃梨，当地有一则代代相传的故事：晋商渠家先祖渠济，是山西上党长子县人，明洪武初年曾带着信、义两个儿子，用上党的潞麻与梨倒换祁县的粗布与红枣，从中赢利，后有了积蓄便在祁县定居下来。清雍正年间，渠家十四世渠百川决定走西口经商，当天正是惊蛰之日，他的父亲拿出一个梨来让他吃下，并且嘱咐他，先祖贩梨，历经艰辛，创下基业。今日要走西口，吃梨为的是不忘先祖，努力奋斗。后来，渠百川经商致富，将开设的商铺取名为“长源厚”，寓意源远流长、千秋厚业。从此，走西口者纷纷仿效渠百川惊蛰日吃梨，有“离家”之意，亦有“努力”之愿。

在我们的生活里，吃梨也是有点儿说法的，比如不能分着吃，“分梨”就是“分离”，非常不吉利。其实信与不信，就在一念之间。守了禁忌的，也未必不会分道扬镳，没守禁忌的，也未必不会天长地久。

惊蛰时节，桃花始盛，因此人们此时也会用

桃花进行食疗。《本草纲目》记载：桃花味苦、性平、无毒，入药可除水气，以茶饮之可使面色润泽。桃花晒干泡茶喝可以排毒；采新鲜桃花浸酒饮用可使容颜红润；桃花捣烂取汁涂于脸部来回揉擦，对黄褐斑、黑斑、面色晦暗等有较好的效果。西汉时期，民间有一种“桃花汤”，主治虚寒血痢症：

少阴病，下利便脓血者，桃花汤主之。赤石脂一斤，一半全用，一半筛末，甘温；干姜一两，粳米一斤，甘平。上三味，以水七升，煮米令熟，去滓，温服七合。内赤石脂末方寸匕，日三服。若一服愈，余勿服。

——［东汉］张仲景《伤寒论·桃花汤》

此外，《神农本草经》谓此药“主泄痢，肠澼脓血”，《名医别录》认为其能“疗腹疼肠澼，下痢赤白”，中医现用此药治疗痢疾后期、伤寒肠出血、慢性肠炎、溃疡病等。

古时，桃花还与美丽相关，因此也与女性的妆容有一定的联系。南朝梁简文帝《初桃》中“悬疑红粉妆”的描写开启了以桃花比喻女性妆容的先河。随着时代的发展，桃花与女性的关系日益密切，隋朝出现了以“桃花面”“桃花妆”命名的妆容，后来极受唐朝年轻女子青睐。宋代《事物纪原》卷三“妆”条记有：“周文王时，女人始传铅粉；秦始皇宫中，悉红妆翠眉，此妆之始也。宋武宫女效寿阳落梅之异，作梅花妆。隋文宫中红妆，谓之桃花面。”明代《说略·服饰》言“美人妆”即“面既敷粉，复以胭脂调匀掌中，施之两颊，浓者为酒晕妆，浅者为桃花妆”。桃花妆，主要有底妆、眉妆、腮红、唇妆等四部分：打底妆即敷铅粉，让皮肤散发透亮自然的光泽；眉妆要将眉毛画的像细细弯弯的月亮形状，称“却月眉”；腮红，是画桃花妆最需要大肆铺张的一步，以纯正的桃红色在脸颊上大面积地打上腮红；画唇形时，要画的比原来的嘴唇还小一圈，俗称“樱桃小口”。

我不会化妆，对这些显然没有实际体验。大约记得某一年去某地的博物馆参观，偶见一尊千百年前的雕像作“烈焰红唇”打扮，遂发给朋友们观赏，谁知却被一友人的妻子当作自己应该“浓妆艳抹”的历史佐证，想来很是有趣。时至今日，不知道桃花妆是否能做日常妆容，又或是可以稍做改造呈现出来，如果可以的话，倒是喜爱及擅长化妆的朋友们可以尝试的节气“仪式”。

譬如，在惊蛰时分画上一个桃花妆，在小寒时分画上一个梅花妆，既装饰了自己，也称得上是一种对节气的致敬。

惊蛰时节，桃花盛开，也是古代所认同的适宜男女结合的婚恋季节，这便给三月桃花增添了很多情爱的色彩。《白虎通义》曰：“嫁娶必以春者，春，天地交通，万物始生，阴阳交接之时也。”仲春之际开放的桃花就成了古人婚姻的信号之花，这也使桃花具有了两性结合的意味。南朝时期广为流传的汉代刘晨、阮肇入天台山采药遇仙女的故事又为桃花添上了奇幻的成分，而桃花的这种意蕴也常常以“刘郎”“阮郎”来表达：

洞口春红飞簌簌，仙子含愁黛眉绿。阮郎何事不归来。懒烧金，慵篆玉，流水桃花空断续。

——［五代］和凝《天仙子二首其二》

桃花源是美好的又一个代名词，也是以陶渊明为首的文人构建出的一个美轮美奂的理想世界：“忽逢桃花林，夹岸数百步，中无杂树，芳草鲜美，落英缤纷。”这里没有仙女投怀送抱，没有仙桃吃了可长生不老，却隐匿着一个阡陌交通、鸡犬相闻、怡然自乐的田园社会。中国的乌托邦从

《诗经》的“乐土”到《老子》的“小国寡民”，再到《列子》的“华青国”都是现实与理想交融后的美好诉求。桃花源村，鸡犬桑麻，桃花流水，素朴无争，悠然自得，成为这种理想的高峰。这些理想，如今有一个更为时髦的表达——诗与远方。

惊蛰初五日，初候桃始华。桃之夭夭，灼灼其华，春天的大好时光终于来到。

惊蛰又五日，二候鸧鹒鸣。鸧鹒也就是黄鹂鸟，它们开始跃上枝头，尽情欢唱。

惊蛰后五日，三候鹰化为鸠。老鹰们开始躲藏起来孕育后代，而先前蛰伏的鸠开始出现在人们的视野中，所以古人将鸠看成了鹰，认为鸠是鹰变的。

生命的可贵之处在于勇敢的追寻，这是雄鹰给我们的启示。从惊蛰开始，我们便应该如春天的花草、动物一般，生龙活虎起来。自惊蛰起，春天最为热闹的风景会一一呈现出来，因此，度过这个时间段落最好的方式便是到自然中去，让美景把眼睛喂个饱，让鼻子尽情享受新鲜空气，然后再亲手挖几棵野菜，至于那些诸如打小人之类的东西，信则有，不信则无。人生百态，经历过的便是财富。

春分

春分之日，太阳位于黄经零度，很像人走完一圈又回到了起点。

这一天，太阳几乎直射赤道，而在我生活的北方，阳光却刚刚好，不似冬日般懒惰，也未如夏日般骄横。这个季节，我很喜欢迎着阳光闭上眼睛，眼前会不停地变幻着色彩与形状，就像奇妙的万花筒一样。

春分是我国古代最早被确定的节气之一。《左传·襄公九年》有载：“陶唐氏之火正阏伯居商丘，祀大火，而火纪时焉。相土因之，故商主大火。”后大火星都被注为“心星”，即心宿二（天蝎座α星），并用大火星伏见南中代表季节。大火星是明亮的一等星，每年到了昼夜等长的春分时，太阳落下，大火星从东方地平线上升起，代表寒冷渐去。此后，黄昏时大火星越来越高，数月后达到正南方，随后越来越低，时至昼夜等长（秋分）时，大火星便隐而不见。因此，人们通过年复一年的观察，用黄昏时大火星的出现来确定春天的到来。

春色正中分

一到春分，便意味着我喜爱的春天已经过半了。

《月令七十二候集解》有曰："春分，二月中。分者，半也。此当九十日之半，故谓之分。"古时，以立春至立夏为春季，自立春算起至立夏结束，一共大约九十天的时间，而春分日正处于春季中间。

长江以南地区的人们对于春分更重视一些，在我的印象中，那里很多地方都很讲究春分这天的餐食：湖南安仁的人们会将多种草药与猪脚、黑豆等同煮熬成药膳，称之为草药炖猪脚，是滋补强身的美味；广东阳江的人们会采集百花叶，舂成粉末与米粉和在一起做汤面食之，认为这样可解毒；广西则有吃春菜、喝春汤的做法（当地说的春菜即野苋菜），将新鲜野苋菜洗净切段，加鸡蛋或鱼片，做成“春汤”，当地民间有“春汤灌脏，洗涤肝肠，阖家老少，平安健康”的说法；江苏南京的人们也会做“春汤”，不过当地的春菜包含了七八种野菜，不仅仅指苋菜。“吃了春分饭，一天长一线”，人们如是说。

春分前后也是很多地方酿酒的佳期，浙江《于潜县志》载：“春分造酒贮于瓮，过三伏糟粕自化，其色赤，味经久不坏，谓之春分酒。”酒乃好物，可惜我饮不得，倒是父亲嗜酒，也常听他说些道道，所以去很多地方给他觅过些佳酿，暂未得到所谓“春分酒”，也算是个遗憾吧。

古时，春分还有种戒火草的习俗。我国南朝梁宗懔所著《荆楚岁时记》中记载：“春分日，民并种戒火草于屋上。有鸟如乌，先鸡而鸣，‘架架格格’，民候此鸟则入田，以为候。”由此可见，当地人们一到春分时节就要下田耕作，也足见人们对防备火患的重视。人们春分这天在屋顶上栽种戒火草，如此就整年不必担心有火灾发生了。

春分前后，正是农忙时分。此时，在种植早稻的地区，人们开始选种、浸泡、催芽、落谷；在种植龙井、碧螺春等茶叶的地区，春茶开始抽芽，人们过了春分就要采明前茶；在养蚕的地区，桑枝开始绽苞，人们要进行蚕室消毒、整修蚕具、供奉蚕神、迎接蚕花。在耕作的人们眼里，一年之计在于春，春生才能夏长，春耕才能秋收，春忙才能冬藏，他们从不会辜负大好春光，不辜负的背后，是他们面朝黄土背朝天的勤恳与劳苦。

春分时节，燕子呢哝，也是人们尽情享受春光的大好时候，所以春游是此时颇受欢迎的休闲活动。但是由于春色太美又很短暂，人们在欣赏美景的同时也会感到惋惜与伤感：

能栖杏梁际，不与黄雀群。
夜影寄红烛，朝飞高碧云。
含情别故侣，花月惜春分。

——［唐］钱起《赋得巢燕送客》

触景生情、感时而发，除了农忙的人们，文人对节气也有着时间消逝的感怀，这使得节气的人文情怀昭然笔下。如今的人们囿于钢筋水泥铸就的高楼大厦之中，对大自然心向往之却不能至，不妨吟诵些与春天有关的诗词，在“迟日江山丽，春风花草香”里，在“春水碧于天，画船听雨眠”中，想象另一种离自然、乡野更近的生活方式。

春分蛋儿俏

“春分到，蛋儿俏。”每年到了春分这一天，“竖蛋游戏”总是特别流行：选一个光滑匀称、新鲜的鸡蛋，把它在桌上竖起来。

在古时人们的观念之中，春分这天太阳直射在赤道上，南北半球昼夜时间相同，是一个重要的平衡点，所以蛋更容易立起来。然而，在我的记忆当中，我从来没有在任何一个春分日里竖起过鸡蛋来，即便我一次又一次地尝试，依然免不了失败的结果，大概是因为我这个人本身平衡能力就不好吧。在我的鞋柜里，大约躺着数十双鞋子，不是跑鞋就是板鞋，鞋跟从来没有超过三厘米，倒不是身高有啥优势，而是我的平衡能力差到穿平底鞋依然会时不时地摔跟头，加上我本就是一个“用脚步丈量土地”的人，实在不敢要求

鞋和“美丽”“优雅”这样的词语沾上边。

春分节气所在的仲春二月，还是旧时校准度量衡的月份，《礼记·月令》载曰：“日夜分，则同度量，钧衡石，角斗甬，正权概。”在唐代，皇帝会赐尺给大臣：

阳和行庆赐，尺度及群公。
荷宠承佳节，倾心立大中。
短长思合制，远近贵攸同。
共仰财成德，将酬分寸功。
作程施有政，垂范播无穷。
愿续南山寿，千春奉圣躬。

——［唐］裴度《中和节诏赐公卿尺》

尺可度长短，为日常生活必备之物。天子将经过校正的尺度颁赐给大臣，其实是对权力的一种象征性分配，且含有对臣下公平行使权力的期待。

从古至今，人们对于公平、公正的期待从未缺席，可事实上，公平与公正也没有绝对的标准，不管是尺子还是秤，刻度也总要有人规定。顺着这个刻度去丈量自己的东西，能做到无愧于心，便是好的。所以，春分这天，有心的人们可以选择竖个蛋，不管成功与否，都算是对于公平的一个自我警示，告诫自己以更为良好的心态去面对任何形式的竞争。

礼自春分展

春分以后，万物生长，阳气勃发。古时春分时节，人们会进行一系列的祭祀活动，祭祀的对象包括太阳神、冬神、生育神以及马祖神：

春分之日，玄鸟至，雷乃发声，祀朝日于东郊，春分日祭之。献羔开冰，谓立春藏冰，在春分方温，故献羔以祭司寒，而后开冰。

——《太平御览·时序部·春》

古时春分最盛大的活动是作为国家盛典的祭日仪式。《独断》载："天子父事天，母事地，兄事日，姊事月。常以春分朝日于东门之外，示有所尊，训人民事君之道也。"春分这天，天子率领文武大臣在东门之外祭祀日神。因为通常在早晨祭拜，所以祭日又称为朝日。祭日是国家大典，古时皇帝必亲祭，《通典·朝日夕月》中有这样一段记载："武帝太康二年，有司奏：'春分朝日，寒温未适，不可亲出。'诏曰：'顷方难未平，今戎事已息，此礼为大。'遂亲朝日。"国家祭日典礼一般在东郊举行，后人根据需要还建造了专门的场所："后周以春分朝日于国东门外，为坛，如其郊。用特牲、青圭有邸。皇帝乘青辂，及祀官俱青冕，执事者青弁。司徒亚献，宗伯终献。燔燎如圜丘。"《通典·朝日夕月》中的这些记载详细地描述了国家祭日的地点、规格和祭品等。明清两朝，春分祭日的场所即现在北京的日坛。《帝京岁时纪胜》载："春分祭日，秋分祭月，乃国之大典，士民不得擅祀。"由此可见祭日活动的严肃性。除此之外，由于受阴阳五行观念的影响，民间也有自己的祭日活动。普通百姓春分祭日时，要用太阳糕为祭物。这是用米面团做成的圆形小饼，五枚一层，有的最上面驮着一只用面团捏成的小鸡。《燕京岁时记》载："市人以米面团成小饼，五枚一层，上贯以寸余小鸡，谓之'太阳糕'，都人祭日者买而供之，三五具不等。"对此，《帝京岁时纪胜》，对此记载得最为详细：

京师于是日以江米为糕，上印金乌圆光，用以祀日，绕街遍巷，叫而卖之，曰“太阳鸡糕”。其祭神云马，题曰“太阳星君”。焚帛时，将新正各门户张贴之五色挂钱，摘而焚之，曰“太阳钱粮”。左安门内有太阳宫，都人结侣携觞，往游竟日。

——摘自［清］潘荣陛《帝京岁时纪胜》

春分祭日，取鼓励农桑、祈祷丰收之意。在老北京，祭日时皇帝要去日坛，王公贵族去宫中的寺庙，而普通老百姓则去太阳宫。祭品以太阳糕为常，太阳糕一般用糯米加糖制成，糕上嵌一个捏成鸡形的面团。太阳糕上驮着的这只“鸡”应该是玄鸟的代表，具体指向有着诸多的解释，或是燕子，或是凤凰，或是乌鸦，或是雄鸡。还在北京求学时，春分朝日的时节，我曾优哉游哉地在已经成为公园的日坛里闲逛，脑海中一直挥之不去的是我国古代神话中太阳女神“羲和”的名字，也曾心血来潮地搭上地铁前往太阳宫古庙遗迹所在地，只想踩一踩那里的土地。当然，更多的时候，我还是喜欢一个人踱到校门口外的稻香村，买几块太阳糕吃，虽然上面再没有不知道来头的“鸡”形面团。

旧时的春分，还是祭祀司寒的时节。司寒

是古代传说的冬神，出自《左传·昭公四年》：“黑牡、秬黍以享司寒。”杜预注曰：“司寒，玄冥，北方之神。”杨伯峻注曰：“据《礼记·月令》，司寒为冬神玄冥。冬在北陆，故用黑色。”祭祀司寒后，还会有开冰仪式。《通典·享司寒》中详细描写了藏冰的时令：“月令：‘仲春，天子乃献羔开冰，先荐寝庙。’谓立春藏冰，至春分，方温，故献羔以祭司寒，而后开冰。先荐寝庙而后食之。”上古时代，人们根据日月星辰的运行轨迹和位置，把黄道附近的星象划分为二十八组，俗称“二十八宿”。东方七宿即角、亢、氐、房、心、尾、箕；北方七宿即斗、牛、女、虚、危、室（营室）、壁（东壁）；西方七宿即奎、娄、胃、昴、毕、觜、参；南方七宿即井（东井）、鬼（舆鬼）、柳、星（七星）、张、翼、轸。在我国古代，冰的收藏、取出都按一定的时令。太阳在虚宿和危宿（北方二宿）的位置上就藏冰，昴宿和毕宿（西方二宿）在早晨出现时就把冰取出来。藏冰和取冰还有若干讲究，例如藏冰要选择凝聚阴寒之气的深山穷谷，藏冰的时候，需用黑色的公羊和黑色的黍子来祭祀司寒之神。当把冰取出来的时候，门上要挂上桃木弓、荆棘箭，来消除灾难。

古时春分还会祭祀生育之神，并将燕子视为此神的化身，《太平御览·羽族部·燕》中记曰：“天命玄鸟，降而生商，宅殷土茫茫。玄鸟，乙鸟也。春分鸟降。汤之先祖有娀女简狄配高辛，与之祈于郊禖，而生契。故本以玄鸟至而祠焉。茫茫，大貌也。”那时候，人们认为燕子是主繁殖的鸟，而春分是“玄鸟”燕子从南方飞回来的日子，所以人们在这一天祭祀高禖，祈求生育。

祭祀马祖也是古时春分仪礼。早在周代，官方就规定了祭祀马神的制度，《通典·礼·马政》载：“周制，夏官校人掌王马之政。……春祭马祖，执驹。夏祭先牧，颁马攻特。秋祭马社，臧仆。冬祭马步，献马，讲驭夫。”马祖是天驷，是马在天上的星宿；先牧是开始教人牧马的神灵；马社是马厩中的土地神；马步为主管马灾疫的神灵。明成祖朱棣迁都北京后，即命在莲花池建马神祠，由官方礼祭，之后马神庙遍布各地。清代有了马神祭日，马神又称为马王、马鸣（明）王。马神祭品只用羊，其神像四臂三目，所以民间有俗语说“马王爷三只眼”。

在我们现代都市人的生活里，这些都已经成为故事，可是有故事的历史才更让人难以忘记不是？在春分这天，我们或许可以给孩子们讲讲司寒、讲讲玄鸟，再讲讲马鸣王的故事，它们虽然不像圣诞老人一样能带来礼物，但却是我们这个民族独有的信仰，反映着华夏子孙一脉相承的精神追求。

日光之下，并无新事；春色三分，化尘与水。

春分初五日，初候玄鸟至。玄鸟，也就是燕子，春分来、秋分去的候鸟。北方的人们看到燕子的时候，春分也就到了。

春分又五日，二候雷乃发声。春分开始，不仅雨水变多，下雨前雷声也渐盛。

春分后五日，三候始电。伴随着雷雨而来的还有闪电，打闪时，仿佛天空都要被炸裂。

从春分开始，无论你是否愿意，春天已然过半。你可以试着在春分这天竖个蛋，切身感受一下“平衡”这个词的含义。当然，你也可以选择和我一样，去买一块太阳糕，尝试从中体会古时人们对于太阳的崇拜。

清明

清明时节雨纷纷，路上行人欲断魂。

说到清明，总会想要先写上这句诗，大概是因为这句诗实在是妇孺皆知吧。清明是集节气与节日于一身的时间标尺，虽在春天，但总携着一股冷冷的气息。

清明点瓜豆

清明时节，播种耕耘、养蚕采桑正当时。

在古代，人们会根据清明这一天的天气情况对未来的天气或是年景加以预测。比如，辽宁地区民谚“清明冷，好年景”；山西地区民谚“清明起尘，黄土埋人”；福建地区民谚“清明南风，夏水较多，清明北风，夏水较少”；宁夏地区民谚“清明一吹西北风，当年天旱黄风多”；河北地区民谚“清明北风十天寒，春霜结束在眼前”；等等。各地的农人们都有着自己对于自然的认知和学问，这是他们安身立命的重要本领。

占候之余，人们还会举行一些跟农事相关的民俗活动，以期顺利地完成春忙的工作。在以田耕为主的地方，古时的人们有“饭牛”的习俗，即清明节这天给牛喂一顿好吃的，比如小米稀饭、菠菜汤、玉米面饼子等。

而在江南，清明前后正是饲蚕季节，很多蚕娘此时都十分忙碌，所以这一时段也被称为“蚕月”：

蚕月桑津，轻浪鱼鳞。
好风光最易愁人。
相逢休便，闲却残春。
待播船回，游骢去，又因循。
歌罢梁尘，舞散花茵。
下楼梯帘外逡巡。
有绿并坐，不在横陈。
话夜阑时，人如月，月如银。

——［清］朱彝尊《行香子·蚕月桑津》

在养蚕的地方，为了祈祷蚕业丰收，清明节也就成了祭祀蚕神的节日。《湖州府志·岁时》曰：“清明晚，则育蚕之家设祭以禳白虎，门前用石灰画弯弓之状，盖祛蚕祟也。”人们认为，白虎是蚕的大敌，他们会通过使用石灰画弯弓等办法消除灾殃，祈求蚕业丰收。

如今，在浙江很多地方都有关于蚕神祭祀的活动，桐乡和海宁的有些农户会做“茧圆”（即生粉团子，形似蚕茧），做好后也会馈赠亲邻，寓意“越生越多”。当地居民在清明夜开始设祭，进行禳白虎、祭蚕神等活动，其间要烧香祈蚕，人们抬着蚕花轿出巡，妇女、孩童沿途拜香唱曲，俗称“蚕花会”。很多村庄还会由全村集资雇请羊皮戏艺人来演皮影戏，演完整本羊皮戏后必然加演《马明（或作“鸣”）王菩萨》，这首歌包含着古老的蚕桑神话和传说：

马明王菩萨到府来，到你府上看好蚕。马明王菩萨出身处，出世东阳(郡)义乌县。爹爹名叫王伯万，母亲堂上王玉莲。马明王菩萨净吃素，要得千张豆腐干。十二月十二蚕生日，家家打算蚕种腌。有的人家石灰腌，有的人家卤池腌。正月过去二月来，三月清明在眼前。清明夜里吃杯齐心酒，各自用心看早蚕。大悲阁里转一转，买朵蚕花糊箧盘。红红绵绸包蚕种，轻轻放在枕头边。歇了三日看一看，打开蚕种绿艳艳。快刀切出金丝片，引出乌蚁万万千。……

——摘自地方民歌《马明王菩萨》

演毕，蚕农会向艺人讨取做纸幕的绵纸用以糊蚕匾，认为这样做可使丰收，并称这种纸为“蚕花纸”。艺人也会把演戏点灯的灯芯分赠蚕农，置于蚕室，寓意蚕事顺利，因此这种灯芯又被称为“蚕花灯芯”。

我生长的地方，蚕事甚少，于此自然是不懂。但是，我喜欢民间故事，所以对于马鸣王菩萨倒是颇有些了解。马鸣王菩萨，其实来自印度，梵语“Asvaghosha”，一般音译为“阿湿缚宴沙”，意译为“马鸣”。《马鸣王略传》里说，很久很久以前，有一种赤身裸体的人，叫“马人”，马鸣王看他们可怜，于是化身为蚕，织成衣物给他们穿，“马人”们悲鸣，便称为“马鸣”。江南人重农桑，祭祀马鸣王菩萨，就是从这个故事来的。

其实，在印度佛经故事传入之前，我们的古人也相信蚕、马之间有一种特别紧密的关系。荀子在《赋蚕》中形容蚕虫身躯柔婉而头部状似马首。东汉郑玄引用古《蚕书》注解《周礼·夏官》“禁原蚕者”一条时曾道：“蚕与马同气。”在晋代《搜神记》里还有一个蚕宝宝由马皮包裹美女而变成的故事：远古时候，有一户贫寒人家，父亲当兵出征，家里只有一个美丽的女儿，而她的唯一伙伴，是一匹强壮的公马。女儿亲自喂养它，因为思念父亲而跟公马开玩笑说：“你要是能为我迎回爸爸，我就嫁给你。”公马听到这番话后，就离开女儿，找到了她的父亲，带他回了家乡。归家后，父亲用上好的饲料喂养它。不料马却拒绝进食，每次看见女儿从身边走过，都会扬蹄嘶鸣，表达自己的喜怒。父亲为此深感惊讶，偷偷向女儿打听，女儿就把此前的戏语告诉了父亲。父亲心里担忧，便用弩箭射死了马，并把马皮剥下来，晾晒于庭院之中。这天，父亲出门办事，女儿跟邻家女孩一起在马皮旁玩耍，用脚尖踢它说："你本来只是一头畜生，却想要娶人类的女子为妻，结果落得剥皮的下场，唉，你又何必自讨苦吃呢？"话音未落，马皮跳了起来，卷住女儿的身躯跑了。几天后，父亲在一棵大树上发现了他们的踪迹，原来女儿和马皮都已化成又厚又大的蚕茧，结在高高的树枝之间。邻家的女人摘下来加以饲养，产量数倍于常茧。

每个地方的人，对于自己如何生活以及想要怎样的生活，都有各自的讲述，有些很是不同，有些却又有很多相似之处，所以，我一直很喜欢民间故事，觉得能听到不一样的世界。因此，这也成为我自以为可以纳入节气生活的一种方式——如果某些习俗实在不适合在个人所处的环境中生长，那么，给这个环境中的人讲讲那些有趣的故事也是一种好的选择。比如，我们在春分讲过马鸣王的故事，而到了清明便可以更加深入地了解马鸣王与桑蚕业的关系。节气是接续的，故事也是连续的，这才是生活。

百五开新火

古时，清明节前一两天的时候还有寒食节，曾经这也是人们春季生活中重要的时间节点，如今已经没入历史的长河中了。

寒食有两项比较重要的内容：一是改火仪式，二是禁火寒食。关于改火的记载，很早就已经有了。《论语·阳货》曰："旧谷既没，新谷既升，钻燧改火，期可已矣。"古人认为火的生命力会降低，因此要定期改火，也就是在特定的时间将旧火熄灭并重新取得新火。其注曰："《周书·月令》有更火之文。春取榆柳之火，夏取枣杏之火，季夏取桑拓之火，秋取柞楢之火，冬取槐檀之火。一年之中，钻火各异木，故曰改火也。"这段话的意思是即使取火也不是随便一个木头都可以钻的，要根据季节不同，钻不同的木头，取不同的火源。

改火期间禁火的行为，后又与介子推联系在一起。春秋时期，晋文公流亡，介子推曾经割股为他充饥。后晋文公归国为君侯，分封群臣，唯独介子推不愿受赏，隐居于山野。晋文公亲请，介子推仍不愿为官，躲在山中不出来。于是，晋文公手下放火焚山，想逼介子推露面，结果介子推被烧死在山中。为了纪念他，晋文公下令：介子推死难之日不生火而吃冷食，从而形成了寒食节习俗。

寒食这一天正是冬至日后的第一百零五天，所以寒食节还有“一百五”的别称。清代徐颋《改火解》记曰：“改火之典，昉于上古，行于三代，迄于汉，废于魏晋后。”最初，改火不在清明节进行，魏晋以后也已被废除。但是，唐代开始人们又重新恢复了这一习俗：

江南寒食早，二月杜鹃鸣。
日暖山初绿，春寒雨欲晴。
浴蚕当社日，改火待清明。
更喜瓜田好，令人忆邵平。

——［唐］陈润《东都所居寒食下作》

唐代的改火是在寒食节时将旧火灭掉，然后到清明这天再重新将火燃起来。在改火和禁火期间，人们不能点火做饭，只能吃事前备好的熟食（寒食），所以这段停火期才被称为寒食节。《荆楚岁时记》：“去冬节一百五日，即有疾风甚雨，谓之寒食。禁火三日，造饧大麦粥。”《邺中记》中也说：“寒食之日作醴酪，煮粳米及大麦为酪，捣杏红煮作粥。”直到唐宋时期人们仍在食用这种大麦粥：

冷食方多病，开襟一忻然。
终令思故郡，烟火满晴川。
杏粥犹堪食，榆羹已稍煎。
唯恨乖亲燕，坐度此芳年。

——［唐］韦应物《清明日忆诸弟》

杏粥即用杏仁做成的粥，也是古时寒食节令食品之一。《清嘉录》中记载苏州的清明食俗时说：“今俗用青团，红藕，皆可冷食。”不同地方的清明节食品花样繁多，却有一个共同的特点——大多数食品可以冷食。

如今，清明饮食文化更加丰富，北方以麦面、玉米面、杂粮为原料，制成子孙饽饽、馓子、炒面、子推馍、蛇盘兔、红豆馍、石头饼等；南方以

稻米或米粉为原料，制成青团、麻糍、清明粑、清明馃、清明糯、五色糯米饭、清明粽等。在众多的清明节冷食中，老北京的“寒食十三绝”非常有名，主要包括蒸糕类：豆面糕(驴打滚)、艾窝窝、豌豆黄等；烘烤类：烧饼、火烧、螺丝转儿、硬面饽饽等；炸货类：炸糕、炸三角、姜汁排叉、蜜麻花、馓子等。寒食节配着凉食吃的还有老北京“四大茶”：油茶、面茶、杏仁茶、茶汤。

我是一个对糯米喜爱有加的人，虽为北方人，倒是更爱吃青团。家在江南的朋友曾手把手地教过我青团的做法，可是实践机会不多，只记得个大概：一是要采摘艾草，捣碎成汁液，和入糯米粉中，先做成小小的面团，逐个按扁，再包入豆沙馅等自己喜爱的馅料，捏拢收口，搓成圆球后上锅蒸约十几分钟至熟，再涂些芝麻油即成可口的青团。大概是较喜欢吃甜食的原因，我常吃的青团大都是甜味的，听闻咸味的青团有雪菜肉末的、毛笋腌菜肉豆腐的，近来又多了酸菜鱼的。人们对于吃食的探索有的时候真的太出乎我的意料，所以，这也算是文化多样性的一种独特表现吧。如果你有兴趣，可以尝试在清明的时候自己做一下，步骤如上，至于口味，各选所爱吧。

祭扫各纷然

一般认为，清明祭扫的习俗是承袭了寒食节的传统。《旧唐书·玄宗本纪》有“寒食上墓，宜编入五礼，永为恒式”的记载，《唐会要·寒食拜埽》里有唐玄宗开元二十年（公元732年）“宜许上墓”诏令的原文，可见唐朝玄宗时期就有了寒食祭扫的习俗。由于寒食与清明之间的密切关系，唐宋之际已经有很多诗词在记述祭扫时将寒食与清明放在一起表述：

丘墟郭门外，寒食谁家哭？
风吹旷野纸钱飞，古墓累累春草绿。
棠梨花映白杨树，尽是死生离别处。
冥寞重泉哭不闻，萧萧暮雨人归去。

——［唐］白居易《寒食野望吟》

当然，也有人认为清明祭扫的风俗本就有之，并非从寒食祭扫而来。据《唐会要·缘陵礼物》载，永徽二年（公元651年）有关部门向高宗奏呈："先帝（唐太宗）在世时，逢'朔、望、冬至、夏至伏、腊、清明、社'向献陵（即唐高祖墓）'上食'，先帝的丧期已结束，陛下也宜循行故例。"高宗"从之"。可见，唐代皇家清明墓祭的制度自唐太宗时就已确立。再往前追溯，唐章怀太子在为《后汉书》作注时引用了东汉应劭的《汉官仪》："古不墓祭。秦始皇起寝于墓侧，汉因而不改，诸陵寝皆以晦望、二十四气、三伏、社、腊及四时上饭。"应劭所说的"二十四气"，自当包括清明在内。无论寒食与清明之间的关系如何，在寒食节逐渐衰落之后，清明承袭了其很多习俗是个事实，而且各地也开始兴起清明祭扫的习俗。

清明祭扫，主要是祭祀具有血缘关系的祖先和逝去的亲人，有些地方会在家里或祠堂进行，但更多的还是到埋葬祖先和亲人的遗体或骨灰的墓地去祭拜，所以祭扫又称为墓祭或是上坟。各地墓祭祭品花样繁多，比如"酒馔""红楮钱""佛朵""五色纸钱"等，但基本都是为了表达思念之情。吴地民谚有"清明前挂金钱，清明后挂铜钱”的说法，就是说挂在坟上的纸钱如果是挂在清明之前，说明孝厚胜似金钱，如果是挂在清明之后，说明孝薄似铜。

在我个人看来，只要不是实在难以抽身，清明节上坟是无论如何都应该亲力亲为的活动。况且，如今有了节假日，也有了便利的交通条件，清明回乡祭祖越来越容易。以前工作离故乡很远的时候，我难有清明祭祀的机会。后来，回到离家不远的地方工作，每逢清明，我与父母常常分作两路去祭祀先人，父亲跟随叔父们回老家上坟，而我则跟随母亲前去给外祖父母扫墓。很多故去的亲眷，因为没有在一起亲密地生活过，所以根本不记得了。即便如此，我也觉得清明祭祀是一个必须要参与的活动，因为它让我跟自己的家人更密切些。在这样的日子里，我总是尤其怀念曾予我陶熔鼓铸的老者：

他被人抱养，不知自己姓氏，也不知自己亲生父母的下落；

他不善与人交谈，只喜欢自说自话，话语里太多枪林弹雨；

他参加过济南解放战役和抗美援朝战争，获得了两枚勋章；

他平安归来，放弃安逸的生活，进了齿轮工厂；

他年迈病重后拒绝一切医疗手段，怕浪费国家的钱，终含血离世；

战争时代，他是最为平凡却冲锋陷阵的士兵；和平时期，他是最为普通却舍己为公的共产党员。他，是我的外祖父，是我对一种信仰最为直观的感知和最为膜拜的榜样。心向往之，力不能及；虽不能至，高山仰止。

清明到了
处处桃红柳绿
且别忙着去烧纸吧
最要紧的还是种树

——老舍《清明》

现代社会，清明依然是极为重要的祭扫时间，人们在清明节前后仍保持上坟扫墓的习俗，以寄托对先人的怀念。同时，由于社会的不断发展，人们也开始提倡和采用诸多更符合现代生活的祭扫方式，比如用鲜花祭祀、网络祭祀等。无论什么方式的祭扫，依然是纪念和追思的仪式。所以，如果你实在分身乏术，网络祭祀这样的方式也是选择之一，也许他们生活的世界科技更为先进，只是我们看不到而已。

煎作连珠沸

国人爱茶，茶的历史跟它的香气一样悠远。

国人饮茶，据说始于神农时代，距今已有几千年的历史。

茶。
香叶，嫩芽。
慕诗客，爱僧家。
碾雕白玉，罗织红纱。
铫煎黄蕊色，碗转曲尘花。
夜后邀陪明月，晨前命对朝霞。
洗尽古今人不倦，将知醉后岂堪夸。
——［唐］元稹《一字至七字诗·茶》

元稹的这首宝塔诗，描绘了茶叶的品质、人

们对茶叶的喜爱以及人们的饮茶习惯和茶叶的功用。人们爱茶之切，并不一定能如元稹一样说得美且妙，但是他们的生活中缺不了茶。

春天有春茶，春茶顺时又分“社前茶”“火前茶”和“雨前茶”。社是春社，社前茶便是春社前采摘的茶。古时，立春后的第五个戊日祭祀土地神，称之为社日。如果按干支计算，社日一般在立春后的41天至50天之间，大约在春分时节，比清明早半个月，春分时节采制的茶叶更加细嫩。唐时，湖州长兴采制的紫笋茶，快马加鞭、日夜兼程运往长安，清明日运抵，应该是春分时节萌芽而采制的茶叶。

火前茶，也就是清明前采摘的茶。寒食禁火，后又跟清明节同流，因此“火前茶”实际上就是“明前茶”。

故情周匝向交亲，新茗分张及病身。

红纸一封书后信，绿芽十片火前春。

汤添勺水煎鱼眼，末下刀圭搅曲尘。

不寄他人先寄我，应缘我是别茶人。

——［唐］白居易《谢李六郎中寄新蜀茶》

据说，白居易是一个品茶行家，常常得到亲友

们馈赠的茶叶，他本人还在江西庐山亲自种过茶树，“火前春”便是李六郎中赠予的，一是由于他们之间交情很深，二是由于白居易是“别茶人”。

清代，乾隆皇帝下江南，曾到杭州龙井观看龙井茶的采制过程，作诗《观采茶作歌》，其中的“火前嫩、火后老，唯有骑火品最好”这句，是指“清明”前一日采制的龙井茶品质最好，过早采制太嫩，过迟采制太老。

清明前后，是茶农们采摘新春第一茶的时候。茶叶的早发品种往往在惊蛰和春分时开始萌芽，清明前就可采茶。由于清明前气温较低、芽的数量很少、生长较慢，能达到采摘标准的茶叶就更少了，所以人们常说“明前茶，贵如金”。“雨前茶”，即谷雨前采摘的茶叶。雨前茶不及明前茶那么细嫩，但滋味鲜浓而耐泡。明代《茶疏》中谈到采茶时节时说：“清明太早，立夏太迟，谷雨前后，其时适中。”雨生百谷，萍始生，此时的茶最有味儿。

我也饮茶，谈不上爱好，因为被爱喝茶的奶奶一手带大，所以现在饮茶也是为了思念，就好像冰心和她的母亲每年的腊月初八都会煮上一锅粥一样。某一年的秋季，曾与友人一起前往普洱探寻茶马古道，路遇热情的茶农，极力邀请我清明前后到茶园帮忙，体验一下采茶的乐趣与辛劳。可惜的是，雨中徒步茶马古道回来后，我就成了风湿袭击的目标，真是有点怕了那里湿冷的气候，迟迟未能成行。如果你有空，也有闲，何妨清明到茶园去看看，感受一下自己采茶的乐趣。

春事到清明

清明处在春天的中间，正是阴气下降阳气上升、阴阳相争之时。唐代以来，随着娱乐色彩的不断增加，清明逐渐从自然时间向人文时间发展，真正成为一个春季的休闲时间段落。

清明之时，春回大地，正是到大自然去领略生机勃勃春日景象的好时候，人们于此时前往郊外远足，脚踏青草、观赏春色，也称踏青。尤其古时女子平日不能随便出游，清明便是难得的机会。踏青之事，又与已然消逝的上巳节有着紧密的关系。

上巳节是我国历史相当悠久的传统节日之一，日期为农历三月的第一个巳日，其源头可能与远古时期男女择偶相配的制度有关，后来形成了比较固定的上巳节，踏青也成为其中的民俗活动：

暮春元日，阳气清明。祁祁甘雨，膏泽流盈。
习习祥风，启滞导生。禽鸟翔逸，卉木滋荣。
纤条被绿，翠华含英。于皇我后，钦若昊乾。
顺时省物，言观中园。宴及群辟，乃命乃延。
合乐华池，祓濯清川。泛彼龙舟，泝游洪源。

——［晋］张华《三月三日后园会诗》

隋朝时期，踏青成为春暖花开的时节最为盛行的活动。《秦中岁时记》记载云：“唐上巳日，赐宴曲江，都人于江头禊饮，践踏青草，曰踏青。”禊，即祓禊，古代于春秋两季在水边举行的一种除灾求福的祭祀仪式，其最初是上巳的主要内容。唐诗中描写踏春活动常把时间定位在农历三月三前后，其代表性指向就是祓禊和踏青。

大概是精力和财力有限的原因，宋元以后，寒食与上巳渐渐归流于清明，很多富有特色的活动或是慢慢沉寂，或被清明“笑纳”，这其实是遵循了人们社会生活发展方向的。可是，有的时候我们也想了解曾经的时光，想要“穿越”时空去看看过去的样子。

风和日丽的清明时节，是放风筝的最佳季节。风筝起源很早，初期被用于军事活动，曾被称为风鸢、纸鸢、纸鹞、鹞子等。民间传说中，

风筝是楚汉相争时谋士张良创造出来的，他坐在大鹞子形的风筝上飞到项羽军队的上方，吟唱楚地思乡的民歌，使得项羽军队斗志全无，最终大败，后面便是众所周知的“霸王别姬”的故事。我虽不喜爱那些跟朝政有关的故事，但是我爱听戏，“汉初三杰”的戏实在让人着迷。

那项羽桀骜不驯谁能抵挡　何况有八千子弟百万郎

兵力悬殊怎相抗　又何必以寡敌众自遭灭亡

那项羽有勇无谋少志量　刚愎自用拒贤良

你只管把咸阳玉玺都献上

江山虽得　他既不能够掌　是又不能久长

咱们留得个兵力来日长

愁什么扭转乾坤复夺三秦战败项羽无指望

选贤任能是第一桩

我待要踏破铁鞋寻良将　我访得个元帅定家邦

望主公你要思一思来想一想

虽然暂受今日耻　我保江山属汉王

——摘自［京剧］《楚汉争》

南北朝时期，风筝曾被作为通讯求救的工具。梁武帝时，侯景围台城，简文尝作纸鸢，飞空告急于外，结果被射落而败，台城沦陷。唐代，风筝的军用功能减弱，娱乐功能增强：

青门欲曙天，车马已喧阗。
禁柳疏风雨，墙花拆露鲜。
向谁夸丽景，只是叹流年。
不得高飞便，回头望纸鸢。

——［唐］罗隐《寒食日早出城东》

五代开始，在纸鸢上加哨子，其鸣如筝，故称“风筝”。宋代，人们把放风筝作为清明节时的主要户外活动。《武林旧事》中记曰：“清明时节，人们到郊外放风鸢，日暮方归。”有的地方，人们在清明节放风筝时，最后将线割断，寓意让风筝带走一年的霉气。因此，每逢清明，我们可以去个宽阔的地方放放风筝，最后让它飞走，也讨些好的兆头。当然，如果你找不到这样的地方，建议还是将风筝收好带回，好兆头可以更改为：霉气已经被风带走，留下来的风筝是吉祥的物件。你看，形式是可以变通的，唯心愿不变而已。

民国时期，南京出现了清明“斗风筝”的习俗。这是民间行会自发组织的一种活动，地点在雨花台北山，清明前后持续一周左右。南京雨花台清明“斗风筝”分“文斗”和“武斗”。“文斗”又分“同类斗”和“异类斗”。同类斗又称“对斗”，是同样尺寸、外形、质地的传统款式的风筝在一起放飞，比升空的时间、高度、持续的时间、平稳度等，这种比赛多为行家之间的较量。“异类斗”又分“大中小”型，比的是风筝本身的造型、款式、色彩、花样、动态、巧器、大小、长短、奇特等特色，以获得观者的喝彩和认可。“武斗”是以破坏对方风筝，如割断风筝绳或把风筝面戳破而“倒栽葱”的方式让对方退出比赛，因此很刺激，观众看得也兴奋，场上喊声不断、哨声迭起。这种比赛如果事先不商定好规则，比赛时常会闹出不愉快。

当然，人们喜欢在大好的春光中放放风筝，除了娱乐可能也有些别的原因。比如，我的父亲是一名风筝爱好者，他喜欢放风筝是因为自己的颈椎不好，为了改善身体状况，他坚持每天去放风筝，甚至买了夜光风筝。后来，我的颈椎也出现了问题，他就坚持不懈地念叨我也去放风筝。我很想体验他的“土方”，可惜的是，一个没有技术的人根本放不起来，所以我选择观看别人放风筝，未尝不是一个“投机”的办法。

荡秋千是清明时节的又一项娱乐活动。文字

记载中，荡秋千最早并不在清明。南朝《荆楚岁时记》记载：“立春之日。悉翦彩为燕以戴之，帖宜春二字。为施钩之戏，以緪作篾缆相罥。绵亘数里，鸣鼓牵之。又为打球秋千之戏。”这里说的就是立春荡秋千。宋人高承在《事物纪原》中又解释说：“秋千，山戎之戏，其民爱习轻矫之态，每至寒食为之。自齐桓公北伐山戎，此戏始传入中国。”山戎是古代北方的一个民族，属地在今北京及其周围地区，秋千原是其进行军事训练的工具，每到寒食节时操练，齐桓公北伐山戎时，秋千开始流入中原。

唐代以后，荡秋千大为盛行，且大都集中于寒食、清明前后。五代王仁裕《开元天宝遗事》载：“天宝宫中至寒食节，竞竖秋千，令宫嫔辈戏笑以为宴乐。帝呼为半仙之戏，都中士民因而呼之。”寒食与清明逐渐合流，使得荡秋千也成为清明之戏：

遥夜亭皋闲信步。乍过清明，早觉伤春暮。
数点雨声风约住，朦胧淡月云来去。
桃李依依春暗度。谁在秋千，笑里低低语？
一片芳心千万绪，人间没个安排处。

——［唐］李煜《蝶恋花·遥夜亭皋闲信步》

唐宋以后，随着社会的发展，荡秋千逐渐演变成闺阁之戏以及节日中的狂欢项目。元明清时期，由于清明荡秋千随处可见，人们甚至将清明节称为“秋千节”，皇宫里也安设秋千供皇后、嫔妃、宫女们玩耍。

我生活的地方很少能够看到秋千，它如今几乎变成了游乐园“专属”的娱乐项目。前几年，家中装修时，我曾经非常想在自己的房间里装一个秋千，哪怕不能很大幅度地摆动，轻轻地荡一下也很是惬意。只可惜，设计师告诉我，现在的房子都是地暖，根本不可能在房顶上做承重设备。这时候我才意识到，所谓的“乡愁”有时候真的只是很多人的一个梦而已，也许不能实现才愈显珍贵。

唐代开始，“清明蹴鞠”也成为十分盛行的活动。蹴鞠，古时又名“蹋鞠”“蹴球”等，“蹴”是用脚踢的意思，“鞠”最早是外包皮革、内实米糠的球，蹴鞠也就是古人以脚踢皮球的活动，类似今日的足球——一个提起来，很多男性朋友都会热血沸腾的竞技活动。《太平御览》引《刘向别传》曰：“蹴鞠者，传言黄帝所作，或曰起战国之时。蹋鞠，兵势所以陈之，知武材也，皆因熙戏而讲习也。”也就是说，蹴鞠最早是作为军事训练项目而产生的，后来才慢慢演变成为娱乐竞技项目。《史记·扁鹊仓公列传》中记载了一个痴迷蹴鞠而致身亡的故事：西汉项处因迷恋蹴鞠，虽患重病仍不遵医嘱继续外出蹴鞠，结果不治身亡。

气之为球，合而成质。俾腾跃而攸利，在吹嘘而取实。尽心规矩，初因方以致圆；假手弥缝，终使满而不溢。苟投足之有便，知入门而无必。时也广场春霁，寒食景妍。交争竞逐，驰突喧阗。或略地以丸走，乍凌空以月圆。

——摘自［唐］仲无颇《气球赋》

清明期间踢球，多是因为这个时间段春风和煦，景色旷达，人们体力好，心情也好。早期的鞠是以皮革制作的实心球，唐代出现了充气球。宋人也很喜欢清明蹴鞠，《东京梦华录》中记载北宋汴都人出城采春：“举目则秋千巧笑，触处则蹴鞠疏狂。”清代以后，清明蹴鞠日益衰落。后来，蹴鞠这项运动也日益衰落——这恐怕是一件够很多球迷宣泄很久的事情。

与蹴鞠一样，斗鸡也是传承已久的清明民俗活动，自南北朝开始风行，至唐代达到鼎盛：

《列子》曰：纪渻子为周宣王养斗鸡，十日而问之，鸡可斗乎。曰：未也。方虚骄而恃气。十日又问之，曰：未也。犹疾视而盛气。十日又问之，曰：几矣。望之如木鸡，其德全矣。异鸡无敢应者也。

——摘自《艺文类聚·鸟部·鸡》

故事讲的是纪渻子为周宣王养斗鸡的经验，也可见斗鸡之戏早就有之。南北朝时期，斗鸡成为寒食节期间的重要活动：

寒食东郊道，扬鞲竞出笼。
花冠初照日，芥羽正生风。
顾敌知心勇，先鸣觉气雄。
长翘频扫阵，利爪屡通中。
飞毛遍绿野，洒血渍芳丛。
虽然百战胜，会自不论功。

——［北周］杜淹有《咏寒食斗鸡应秦王教》

唐代是清明斗鸡活动的黄金时代，陈鸿《东城父老传》记有："玄宗在藩邸时，乐民间清明节斗鸡戏。及即位，治鸡坊于两宫间，索长安雄鸡，金毫、铁距、高冠、昂尾千数，养于鸡坊。"

唐玄宗酷爱斗鸡，每年元宵节、清明节、中秋节一定要举行斗鸡活动，以示天下太平。

其实，世界各地几乎都有斗鸡的娱乐传统，人类学家格尔茨曾对印尼巴厘岛斗鸡进行了田野调查和研究，写出《深层游戏：关于巴厘岛斗鸡的记述》一书，并寻找到了自己的研究方法——“深描”。这本书是我求学时候的必修读物，一层层去剖析“斗鸡”这样的游戏，再从中找出深层的社会关系，这样的方法对那时的我影响很深。

清明时节，民间还有插柳和戴柳的习俗。插柳之俗，早在北魏贾思勰《齐民要术》中就有记载：“正月旦，取杨柳枝著户上，百鬼不入家。”当时人们是在正月初一插柳。由此可见，唐代以前就已流传着插柳的习俗，只是插柳的活动还没有集中于清明。宋代以后，关于插柳、戴柳的记载多了起来，而且寒食、清明时候插柳、戴柳已经成为一种风俗。《东京梦华录》有记：“寻常京师以冬至后一百五日为大寒食，前一日谓之‘炊熟’，用面造枣飞燕，柳条串之，插于门楣，谓之‘子推燕’。”“子推燕”就是用面粉和枣泥，捏成燕子的模样，再用杨柳条串起来，插在门上。清明时节，你也可以去折一枝柳，放在自己的门窗之上，给自己的生活添一抹春意。

戴柳就是用柳枝来装扮自己。据《燕京岁时记》记载："至清明戴柳者，乃唐高宗三月三日祓禊于渭阳，赐群臣柳圈各一，谓戴之可免虿毒。"民谚也有清明戴柳的讲究，认为可以辟邪，这又与上巳节的一些民俗活动产生了交融。

明代插柳、戴柳之风仍然盛行。明代《帝京景物略·春场》中对清明踏青时人们簪柳的行为做了记载："三月清明日，男女扫墓，担提尊榼，轿马后挂楮锭，粲粲然满道也。拜者、酹者、哭者、为墓除草添土者，焚楮锭次，以纸钱置坟头。望中无纸钱，则孤坟矣。哭罢，不归也，趋芳树，择园圃，列坐尽醉，有歌者。哭笑无端，哀往而乐回也。是日簪柳，游高梁桥，曰踏青。多四方客未归者，祭扫日感念出游。"现在，柳树繁茂的季节，依然能看得到人们折些枝条编成环状，戴在自己的头上。当然，这些行为俨然已经没有了驱邪的意味，更多的时候只是人们玩耍的一种方式。

清明到了，大自然有了一些变化，生活也多了很多"仪式感"。

清明初五日，初候桐始华。清明节气的桐花所指主要是泡桐花，有紫、白两色，远看像个长喇叭。

清明又五日，二候田鼠化为鴽。田鼠因烈阳之气渐盛躲回洞穴避暑，喜爱阳气的鴽鸟则开始出来活动。

清明后五日，三候虹始见。清明时节多雨，所以彩虹常见。

清明时节，亲手准备上一些冷食，携到故人长眠的地方，跟他们聊聊天，讲讲自己近来的境遇，给他们放上几样冷食和果子，或者再有一束鲜花，让生活在那个未知世界里的人也能感受到这个世界的温度。然后，在附近寻一处有青山绿水的地方，与亲人们踏踏青，卸下也许戴了很久的枷锁，尽情地奔跑、呐喊。这，算是我脑海里最为理想的清明节的样子。如果你已为人父或为人母，不妨带着孩子去烈士陵园瞻仰一下，如今这样和平的日子，是很多连名字都没有留下的人们用鲜血换来的，政治也许离我们很远，但是安宁的日子离我们很近。

青山处处埋忠骨，何须马革裹尸还。
落红不是无情物，化作春泥更护花。

——［清］龚自珍《己亥杂诗》

清和之气，明朗之天，清明这样的时节，总携着一股凉意，跟风有关，也跟信仰有关。如果痛太重，想象另一个世界也未尝不可，至少闭上眼时，还能看得到。

谷雨

谷雨，又一个农人们忙忙碌碌的时间段落。

谷雨，即谷得雨而生也。《通纬·孝经援神契》曰："清明后十五日，斗指辰，为谷雨。三月中，言雨生百谷清净明洁也。"《月令七十二候集解》亦曰："三月中，自雨水后，土膏脉动，今又雨其谷于水也。雨读作去声，如'雨我公田'之雨。盖谷以此时播种，自上而下也。"雨读成四声时，便作动词用，即降雨的意思。

谷雨时节，雨水明显增多，得到雨水滋润的谷类农作物可以很好地生长，而谷雨一过，也代表着万物肆意生长的春季即将过去。

谷雨生百谷

谷雨是春季的最后一个节气。春夏之交，春播、蚕事、开渔等农事活动非常密集，农人们不仅要忙于劳作，还要祭祀相关神灵，以期获得丰收。

谷雨是很多春播作物开始播种的标志性时间，很多农谚都在提醒着农人们此时应该播种何种作物："清明江河开，谷雨种麦田""过了谷雨种花生""苞米下种谷雨天""谷雨种棉花，能长好疙瘩""谷雨栽上红薯秧，一棵能收一大筐"等。春播后，农人喜春雨：

> 《尸子》曰：神农氏治天下，欲雨则雨，五日为行雨，旬为谷雨，旬五日为时雨，正四时之制，万物咸利，故谓之神。
>
> ——摘自《艺文类聚·天部上·雨》

这里的“谷雨”与“行雨”“时雨”同为神农氏所布之雨，是神话中的气候，虽然跟现实生活中的节气没有太大的关系，但是说明了农耕社会的人们对于雨的依赖。

陕西省白水县有谷雨祭祀仓颉的习俗，缘于《淮南子·本经训》中“昔者仓颉作书，而天雨粟”的记载。仓颉造字之后，天帝受了感动，特下谷子雨以示酬劳，这便是将谷雨更加神化的说法了。传说仓颉死后安葬在白水县史官镇北，这里的人们称仓颉为“仓圣”，年年谷雨时都要办庙会，历时七至十天。

谷雨庙会前的清明节，白水县的人会先为仓颉扫墓，同时为庙会做好准备。谷雨前两天，人们到庙内请回仓颉泥塑像，让戏班唱一天两夜大戏。谷雨这天，庙会正式开始。庙会执事队进庙举行安主敬神的活动。谷雨大典结束之后，其余人依次列队于殿前致祭，烧香叩头，祈盼平安。

神农与仓颉的故事，又是一个可以纳入节气生活讲述的主题。现时城市里的谷雨实在不如乡村里的谷雨有趣。在渔乡，很多地方有自己特有的谷雨祭祀仪式。在我生活的地方，临海的小渔村都有谷雨祭祀海神的仪式。某一年，刚好有调查任务，我便走访了其中一个名叫“院夼”的村落，真真切切地见识到了当地渔民在谷雨时节举行的开洋、谢洋节。

开洋、谢洋节源于祭祀海神的活动。每到谷雨这一天，深海的鱼虾等便遵循季节洄游的规律涌至黄海近海水域，附近的渔民因此有“鱼鸟不失信”“谷雨百鱼上岸”之说。于是，休息了一冬的渔民开始整网出海，一年一度的海上作业正式开始。渔民出海之前都要举行隆重盛大的仪式，虔诚地向海神献祭，以祈求平安、预祝丰收。

与白水县祭祀仓颉一样，这里的人们也有着自己祭祀海神的仪式：谷雨前两天开始准备祭品，其中最主要的便是饽饽。饽饽是谷雨节中祭拜龙王的重要供品，是用八斤八两面发好后蒸制的，最好能够蒸出“开花”的饽饽，当地人叫作“开口笑”。祭品还有整头的猪，一般是带皮去毛的肥猪，用猪血把猪身抹红，然后再将猪的眉眼和嘴巴描成微笑的表情。

第二天，即谷雨前一天，渔民们会陆续抬上肥猪，带着祭品来到龙王庙庙前放鞭炮、烧香、敬酒、摆供品、磕头、烧纸，算是仪式的主体活动。

祭祀主体仪式结束后，祭祀现场还会有锣鼓表演，其实也就是村内妇女协会组织的大鼓队、老年协会组织的鼓乐队，偶尔也会有其他村村民

福
壽

前来助阵的表演队伍，图个热热闹闹。

第三天，也就是谷雨之日，全村渔民休假一天。按照村民的说法，谷雨节这天就是渔民的节日，人们会大口吃肉、大口喝酒。这项活动也是院夼村淳朴豪放的村风得以保存，并流传至今的重要原因。

因为谷雨祭祀的关系，我在村子里待了些时间，着实体验了一把海边生活的好与坏。于我而言，好处便是风景优美，村子背山靠海，没有调查任务的时候，我很是自在，随便找个地方就可以发呆好一阵子。当然，也有不好的地方，比如，我不吃海货，在这里的饮食真是很成问题。不过，像我这样挑食的人，几乎到很多地方都会遇到饮食不适应的困难，已经成了人生的一个必然的历练，吃饱就好，也没有再多的要求。

茶煎谷雨春

又说到茶，可见茶文化对中国人影响至深。

南方多种茶，春季正是采摘炒制的好时候。“阳春三月试新茶”，其实清明和谷雨时节采制的茶，都算是一年之中的茶之精品，所以人们才有此时品新茶的习俗：

> 过尽僧家到店家，山形四合路三叉。
> 清明浆美村村卖，谷雨茶香院院夸。
> 困卧幽窗身化蝶，醉题素壁字栖鸦。
> 夕阳不尽青鞋兴，小立风前鬓脚斜。
>
> ——［宋］陆游《闲游四首其三》

湖南省安化县有谷雨节吃擂茶的习俗。谷雨时节，人们用鲜嫩的茶叶和大米、花生、芝麻、生姜打制擂茶，当地俗谚云：“吃了谷雨茶，气死郎中的伢（父亲）。”

采茶时节，茶农起早贪黑，格外辛苦。除此之外，为了表达对天地的感激和对丰收的祈盼，茶农在采春茶的季节会进行祭祀茶祖的活动。《神农本草经》载：“神农尝百草，日遇七十二毒，得荼而解之。”有人认为这里所说的“荼”即茶的古称。陆羽《茶经》曰：“茶之为饮，发乎神农氏。”所以，神农也被尊为“茶祖”。后来，湘地提出“茶祖是神农，茶祖在湖南，设立中华茶祖节”的倡议。再后来，“中华茶祖节暨祭炎帝神农茶祖大典”在炎陵县炎帝陵举行，其间发布了《茶祖神农炎陵共识》，正式确立每年谷雨节为“茶祖节”，即中国茶节。

中国人喜欢过节，历史上就是这样，走了很多节，又来了很多节，虽然不知道这些节能不能传承下去，但却鲜明地昭示着人们对于生活文化的需求和追求。就像节气一样，它最初的有些内容和意义可能无法再继续下去，可是我们可以传承它能为现代城市生活所融汇的内核，甚至赋予它一些未来可以继续发展的价值。这不是简单的“造节”，而是依据旧时时间体系重塑现代生活节奏的尝试。

谷雨时分，已到暮春，按照中医的说法，

人体于冬天蓄积体内的阳气随着春暖转为向外生发，若藏阳气过多，会化成热邪外攻，诱发鼻腔、牙龈、呼吸道等出血，甚至产生口气，这就是所谓的“春火”。而谷雨茶，经过雨露的滋润，喝起来口感醇香绵和，对人的身体极好，喝了可驱湿气、养生气、清火、明目。

东风与花王

“谷雨三朝看牡丹”，赏牡丹是人们谷雨时节重要的休闲活动。至今很多地方还会举行牡丹花会，供人们游乐、观赏。

牡丹作为观赏植物栽培，大约始于南北朝。唐代韦绚《刘宾客嘉话录》记载：“北齐杨子华画牡丹极分明。子华北齐人，则知牡丹久矣。”宋代《太平御览》中也有：“南朝宋时，永嘉（今温州一带）水际竹间多牡丹。”明代李时珍在《本草纲目》中解释了牡丹名字的缘起：牡丹虽结籽而根上生苗，故谓“牡”（意谓可无性繁殖），其花红故谓“丹”。

牡丹被誉为“国色天香”，早期一般是皇家禁苑种植之物。据《酉阳杂俎》记载：“开元末，裴士淹为郎官，奉使幽冀回，至汾州众香寺，得白牡丹一棵，植于长安私第，天宝中为都下奇赏。”这是私宅种植牡丹的最早记录。

人们普遍认为牡丹甚美，雍容华贵，跟史上唯一的女皇——武则天也有着千丝万缕的关系。

明朝游上苑，火速报春知。

花须连夜发，莫待晓风吹。

——［唐］武则天《腊日宣诏幸上苑/催花诗》

传说某个冬天，武则天看到宫廷中的梅花盛开，突然诗兴大发，写了这首摧花诗，想要命令百花次日一齐开放。百花仙子不得不接受圣旨，次日果然众花竞相开放。而在百花丛中，唯有牡丹不违时令，闭蕊不开。武后震怒，命宫人燃炭火烧枝梗，并下令将上林苑中几千株牡丹逐出长安，移植东都洛阳，以示惩罚。就此，洛阳成为牡丹之乡。其实武则天写这首诗词，大概是表达舍我其谁，唯我独尊的志向，而后世却传出许多故事来，成为人们茶余饭后的谈资。

雍容华贵的牡丹迎合了大唐盛世时人们的审美情趣，帝王显贵、文人雅士皆钟爱牡丹，长安、洛阳等城市的官衙、寺院、私宅无不种植牡丹，从而不断掀起赏牡丹、咏牡丹的热潮。比如，刘禹锡有

“唯有牡丹真国色，花开时节动京城”；元稹有“花向琉璃地上生，光风炫转紫云英”；李白有“云想衣裳花想容，春风拂槛露华浓”；白居易有“千片赤英霞烂烂，百枝绛点灯煌煌”。

牡丹之美，令人心醉。“牡丹花下死，做鬼也风流”甚至成就了牡丹如美人的比喻。

问东城春色，正谷雨牡丹期。想前日芳苞，近来绛艳，红烂灯枝。刘郎为花情重，约柳边娃馆醉吴姬。罗袜凌波微步，玉盘承露低垂。

春风百匝绣罗围，看到彩云飞。甚著意追欢，留连光景，回首差池。半春短长亭畔，漫一杯藉草对斜晖。归纵酴醾雪在，不堪姚魏离枝。

——［元］王恽《木兰花慢》

诗人在这首词前写道：“谷雨日，王君德昂约牡丹之会，某以事夺，北来祁阳道中，偶得此词以寄。”可见当时谷雨牡丹花期正盛的时候，有举办牡丹会的习俗。

此后，历朝历代谷雨赏牡丹的记载绵延不绝。《清嘉录》记载，吴地“无论豪家名族，法院琳宫，神祠别观，会馆义局，植之无间。即小小书斋，亦必栽种一二墩，以为玩赏”，所以到了谷

雨花期“郡城有花之处，士女游观，远近踵至，或有入夜穹幕悬灯，壶觞劝酬，迭为宾主者，号为花会”。如今，赏牡丹依然是春季重要的花事活动，民间更是将其视为富裕和美好的象征。谷雨时分，即便不能远游，各个地方的植物园肯定也会有牡丹花展，各色各样、雍容华贵，何妨携亲带友去观赏一番，自会亲身领略到古人对于牡丹的赞美。

其实，我并不十分喜爱大朵的花，偏爱诸如满天星之类零零散散的小花。不过，因为牡丹的名气和故事，某一年谷雨时节，我曾专门前往洛阳观赏牡丹。可惜的是，那年的天气略冷，牡丹花期晚了几天，我并没有赶上盛季，倒是在龙门石窟流连忘返。没有武则天的霸气，平凡如我，便需要换一个方向，寻找新的快乐。

谷雨行至，农人们更忙了。

谷雨初五日，初候萍始生。雨水越来越多，浮萍开始生长，漫在池塘中。

谷雨又五日，二候鸣鸠拂其羽。布谷鸟扇动自己的羽毛，农人们开始进行耕作。

谷雨后五日，三候戴胜降于桑。戴胜鸟降落于桑树上，提醒着养蚕的人家也要忙碌起来了。

从谷雨开始，爱茶的人们要慢慢走进一个低谷期，因为春茶也就到这个时间段了。谷雨之后的日子，喝喝茶、赏赏花，这些娴静的活动颇为适宜，而诸如茶艺、花艺这些课程也可以尝试着学习一下。我虽不喜瓶插，但也乐见愿意将生活过得精致的人们随着自己的心愿做些什么。

我想所有的鲜花　开在最美的春天

就算不是最鲜艳　也有绽放的瞬间

微风吹拂我的脸　邦德奔跑的少年

窗外辽阔的天空　放飞我们的心愿

我多希望看到你　自由地翱翔　风雨中有坚强的翅膀

怎能让时光匆匆蹉跎了梦想　开始的路就不叫远方

——李健《最美的春天》

在所有关于春天的歌曲中，我最爱李健这首，有一股不装腔作势的昂扬感，像极了这个时间段落里的风和雨，轻柔、绵软，还带着些暖暖的温度。

开始的路就不叫远方，又一年，从春天开始。